Reconstitution du complot international
contre la Guinée-Équatoriale

Points de vue
Collection dirigée par Denis Pryen
et
François Manga-Akoa

Déjà parus

Roger Démosthène CASANOVA, *11 avril 2011 : coup d'état en côte d'ivoire !*, 2011.

Ismaël Aboubacar YENIKOYE, *Intelligence des individus et intelligence des sociétés*, 2011.

Pierre N'DION, *Quête démocratique en Afrique tropicale*, 2011.

Emmanuel EBEN-MOUSSI, *Le médicament aujourd'hui. Nouveaux développements, nouveaux questionnements*, 2011.

Koffi SOUZA, *Le Togo de l'Union : 2009-2010*, 2011.

Lucien PAMBOU, *Conseil Représentatif des Associations Noires. Le CRAN, de l'espérance à l'utopie*, 2011.

David GAKUNZI, *Côte d'Ivoire : le crime parfait*, 2011.

Djié AHOUE, *Et si Ouattara n'avait pas gagné les élections ?*, 2011.

Emmanuel KIGESA KANOBANA, *Dipenda, Témoignage d'un Zaïrois plein d'illusions*, 2011.

Joseph NELBE-ETOO, *L'Héritage des damnés de l'histoire*, 2011.

Marcel PINEY, *Coopération sportive français en Afrique*, 2010.

Cyriaque Magloire MONGO DZON, *Pour une modernité politique en Afrique*, 2010.

Thierry AMOUGOU, *Le Christ était-il chrétien ? Lettre d'un Africain à l'Eglise catholique et aux chrétiens*, 2010.

Thimoté DONGOTOU, *Repenser le développement durable au XXIe siècle*, 2010.

Martin KUENGIENDA, *République, Religion et Laïcité*, 2010.

Maurice NGONIKA, *Congo-Brazzaville: 50 ans, quel bilan ?*, 2010.

Mark BLAISSE

Reconstitution du complot international contre la Guinée-Équatoriale

Riche, trahi et oublié

L'Harmattan

© L'HARMATTAN, 2012
5-7, rue de l'École-Polytechnique ; 75005 Paris

http://www.librairieharmattan.com
diffusion.harmattan@wanadoo.fr
harmattan1@wanadoo.fr

ISBN : 978-2-296-96042-8
EAN : 9782296960428

AU LECTEUR

N'est-ce pas étrange qu'un historien hollandais cherche à reconstituer un coup d'État dans une ancienne colonie espagnole d'Afrique centrale ? Je m'explique : en 2009, je me suis intéressé à un groupe de penseurs qui étudiaient la transparence et la démocratie en Afrique. C'est pour cela que je me suis passionné pour la Guinée-Équatoriale et que je suis entré en contact avec son gouvernement et finalement avec son président: Teodoro Obiang Nguema Mbasogo. Parmi nos conversations sur l'image et la place de son pays, nous avons également parlé du système sanitaire et éducatif. Nos discussions portaient non seulement sur le niveau de savoir en Guinée-Équatoriale, mais aussi sur le peu de connaissances dans le monde, à propos de ce petit pays isolé, riche en pétrole. Un des thèmes que nous avons abordés était la question de savoir pourquoi seules les mauvaises nouvelles sont communiquées au public, alors que les évènements positifs ne semblent intéresser personne. Tout ce que l'on sait de ce pays, aux États-Unis et en Europe, est en lien avec le pétrole, l'absence de démocratie et les tentatives de coup d'État. En outre, ces idées se basent sur des interprétations qui ne sont pas toujours vraies. Ne pourrait-on pas remédier à cela ? Même si, pour y remédier, nous allons nous fonder sur l'un des moments les plus spectaculaires de l'histoire du pays : la tentative de coup d'État, en mars 2004, couverte par la presse internationale pendant très longtemps. J'ai essayé de donner une réponse, en recherchant le plus de faits possible et en tâchant de les comprendre dans l'ordre et de manière logique. Bien sûr, je reste avant tout un Européen, qui ne comprend pas toujours la subtilité de la société africaine, et la richesse de ses rituels et de ses danses. D'autre part, il s'est avéré que, plus d'une fois, je n'ai pas été capable de découvrir avec exactitude les évènements qui se sont déroulés dans les coulisses des grandes puissances mondiales. Mais, malgré tout, ce documentaire a été écrit de la manière la plus neutre possible, afin que le lecteur puisse se faire lui-même sa propre opinion. Je me répète, sans doute, mais il s'agit bien d'une tentative de coup d'état qui n'a finalement pas abouti. Le but est d'obtenir une image nuancée des auteurs du coup d'État, à l'avant-garde et à l'arrière-garde.

Dans cette reconstitution, de très nombreuses personnes, entreprises et moyens de transport sont mentionnés. Dans les annexes, à la fin de cet ouvrage, vous trouverez une liste complète des noms cités.

Les notes de bas de page se trouvent dans la partie inférieure des pages correspondantes. Les notes finales, se rapportant à des paiements ou à des contrats, sont situées à la fin du livre. Les données bancaires des deux comptes de la Royal Bank of Scotland International, utilisées pour faciliter le coup d'État, ont été débloquées en avril 2005 par le juge de Guernesey, où le principal instigateur du coup d'État réalisait ses opérations. Grâce aux reçus bancaires de la banque, qui nous ont été fournis, nous avons pu suivre la trace des expéditeurs et des destinataires de l'argent. C'est de cette manière que d'innombrables « négations » ont pu être réfutées tour à tour (les îles Anglo-Normandes, dans lesquelles on trouve le paradis fiscal de Guernesey, font partie du Royaume-Uni).

Nous devons une bonne partie de la chronologie, ainsi que la liste des auteurs et des entreprises impliqués, au cabinet d'avocats américain McDermott Will & Emery LLP, à Washington, sous la responsabilité de Jennifer E. Ritter. Ces listes ont été établies pendant l'été 2008, pour préparer les procès contre des personnes et des entreprises situées dans les pays impliqués dans le coup d'État. Certaines sources, mentionnées à côté des noms, sont objectives. D'autres, celles des témoins, sont subjectives. Un des témoins est le dénommé Melvin White, dont le nom revient souvent. Il était présent et a fait des déclarations lors des procès de Malabo, alors qu'il ne comprend pas l'espagnol. Nous[1] citons son témoignage seulement lorsqu'il a pu, d'après nous, utiliser un interprète.

Les autorités des pays dans lesquels nous avons fait nos recherches nous ont informé que les informations disponibles étaient considérées comme « classées », c'est-à-dire qu'on ne pouvait pas y accéder pour faire des recherches. C'est grâce aux avocats du gouvernement de Guinée-Équatoriale que nous avons pu avoir accès à la plupart des données. Cependant, comme je

---

[1] L'équipe de l'enquête se composait de deux chercheurs et d'un écrivain.

l'ai dit précédemment, il est impossible de garantir la parfaite exactitude de toutes les données, noms, évènements et accords. Parfois, il était difficile d'obtenir des données pourtant très simples, comme l'orthographe d'un nom ou une date de naissance. Parfois, les experts répètent les paroles d'autres experts, sans avoir vérifié les faits.

Et pour finir : cet ouvrage n'est pas un roman. Nous avons néanmoins tenté de créer une ligne de narration, pour faciliter la lecture des faits. Par conséquent, si le lecteur a l'impression qu'il s'agit d'une histoire romancée, il ne doit pas oublier qu'il est en train de lire une reconstitution de faits réels.

Mark Blaisse

Amsterdam, septembre 2010

I. INTRODUCTION

En mars 2004, plusieurs dizaines de mercenaires ont tenté de supplanter le régime de la Guinée-Equatoriale, un tout petit pays, riche en pétrole. Le but était de s'emparer d'une partie du pouvoir et de se remplir les poches. L'échec de cette tentative de coup d'État est dû, entre autres, à la négligence des guérilleros, à la vigilance et aux réactions des services secrets d'Afrique du Sud et du Zimbabwe ainsi qu'au zèle des autorités de l'aéroport de Harare, où les auteurs du coup d'État avaient fait escale pour récupérer des armes. En tout cas, l'échec ne peut pas être attribué à la loyauté des trois ou quatre gouvernements qui étaient au courant des actes violents qui se préparaient. Les tentatives de la Guinée-Équatoriale visant à poursuivre en justice les responsables en Espagne, au Royaume-Uni et aux États-Unis ont, jusque-là, été infructueuses. Même si, en théorie, le système juridique international prévoit très clairement des sanctions contre la complicité des « actes terroristes » (comme pour les « crimes contre l'humanité »), en pratique la responsabilité des dirigeants politiques n'est jamais ou très peu en cause. Parfois, les civils ou les entreprises qui se servent des démocraties comme plate-forme pour leurs activités (bancaires) afin de financer des pratiques illégales, n'ont pas non plus de comptes à rendre, ce qui provoque une certaine frustration, pour ainsi dire, des personnes ou des pays défavorisés. Grâce à cette enquête, j'ai l'intention de susciter de nouveau de l'intérêt pour cette tentative de coup d'État. En me basant sur de nouvelles preuves, et en étudiant les faits de ce complot contre un pays si important stratégiquement pour l'Occident, je souhaite, en outre, soulever l'indignation du public.

L'objectif caché de ce livre est, d'une part, d'attaquer l'hypocrisie internationale, et plus particulièrement celle des pays qui prônent la transparence, l'honnêteté et la démocratie. D'autre part, de chercher à pénétrer dans les coulisses d'un État africain, là où les affaires sont gérées et résolues d'une tout autre manière qu'en Occident. Les notions de bien et de mal, le pardon et le châtiment, l'humain et l'inhumain ont pour nous, en Occident, une signification bien différente. Il est évident que les

Droits de l'homme sont des droits universels, sur lesquels des accords internationaux ont été conclus. Mais l'interprétation de ces droits fait habituellement partie d'une culture, et elle ne découle pas de définitions ayant une valeur universelle. Peut-être que cette notion échoue le plus souvent parce que, même si la langue ainsi que l'interprétation des mots et des concepts restent essentielles, on les oublie rapidement dans le feu de la bataille ou de l'écriture. Par exemple, la « traduction » (le cas échéant) du mot « trahison » est difficile si l'on n'a pas bien compris la relation qui existait entre les personnes.

Sur cet immense échiquier mondial, les plus grands joueurs placent leurs pions sur le devant de la scène. De prime abord, les États-Unis, l'Espagne et le Royaume-Uni pourraient se permettre d'ignorer tranquillement les plaintes de la Guinée-Équatoriale. Mais les États-Unis sont en grande partie dépendants du pétrole brut en provenance, entre autres, de Guinée-Équatoriale tandis que les Espagnols et les Britanniques aimeraient avoir plus d'influence. Et si l'on va encore plus loin, pourquoi alors ne pas admettre que les gouvernements précédents (George Bush, José María Aznar et Tony Blair) ont fait une erreur en ne prévenant pas le président Obiang ? Peut-on en conclure que l'orgueil national est plus important que la réalité économique ? Aux États-Unis, ce sont des entreprises telles que Exxon Mobil, Hess et Marathon, ayant leurs sièges sociaux à Houston, au Texas, qui tirent les ficelles, même lorsqu'elles sont en face de dirigeants politiques très haut placés, comme le président en personne. L'un après l'autre, les ministres des Affaires étrangères ont traité le pays avec des égards, allant souvent à l'encontre des recommandations des ONG, et, ce qui est encore plus surprenant, Condoleezza Rice a même qualifié de « bon ami »[2] le président de la Guinée-Équatoriale, Teodoro Obiang Nguema Mbasogo.[3]

C'est pourquoi, je le répète : si l'accès à la richesse de champs pétroliers en dépend, pourquoi la politique n'a-t-elle pas joué le jeu de baisser un peu le ton, ou bien de donner une excuse bon marché pour avoir joué un rôle médiocre ? Il n'aurait pas été non

---

[2] En avril 2006, lors d'une visite d'Obiang à Washington DC.
[3] En particulier l'ONG Human Rights Watch, dont les rapports négatifs sur la GE sont fréquents, sans pour autant qu'elle ait réalisé d'enquêtes *in situ*.

plus très difficile d'inciter d'autres pays « amis » à présenter des excuses, en prenant en compte leurs intérêts stratégiques et économiques. Mais force est de constater que la transparence, par rapport aux faits réels de la tentative de coup d'État de 2004, a été, en six ans, très rare, voire nulle. Et pourtant, les autorités de Malabo, la capitale de ce pays riche en pétrole, font preuve d'une grande tolérance. Malgré des poursuites judiciaires dans les différents pays en question, le président Obiang n'a jamais pu aller jusqu'au bout. L'enquête qui suit permettra de savoir si la justice a été rendue ou non.

Le pacte de l'oubli

La semaine où commence cette enquête, le juge espagnol Baltasar Garzón est suspendu de ses fonctions. Ce juge, enquêteur, spécialisé dans les poursuites de crimes commis par des dirigeants politiques (particulièrement en Amérique du Sud) a de nouveau bousculé l'ordre établi en Espagne, avec ses éclats et sa vanité. Quelle a été son erreur ? Être le premier à exiger l'accès aux archives portant sur les excès des fascistes pendant la guerre civile espagnole et surtout sur les crimes commis sous le régime de Francisco Franco. En 1977, une loi d'amnistie : le « Pacte de l'oubli », est votée afin que le pardon et l'oubli permettent à la jeune démocratie de croître. Avec le soutien du roi Juan Carlos I, cet honteux épisode de l'histoire de l'Espagne est enterré. Il faut tourner la page ! Mais c'est ainsi, comme aujourd'hui, qu'on a cherché à enterrer également le sentiment d'injustice de tous les Espagnols qui ont perdu un proche et qui ne sauront jamais où et comment il a disparu. Garzón considérait la disparition de dizaines de milliers de républicains comme un « crime de lèse-humanité », ce qui, semble-t-il, a dépassé les limites des critiques supportables pour l'Espagne. Il a été demandé pour Garzón, à 54 ans, une mesure disciplinaire de suspension de douze à vingt ans, pour prévarication. Que nous apprend cet évènement sur l'Espagne et sur la mémoire de l'histoire ? Après avoir mené mon enquête, je peux en déduire que les jeunes espagnols ne savent pas où se trouve la Guinée-Équatoriale, une ancienne colonie espagnole, que la colonisation ne figure même pas dans les livres d'histoire et que l'Espagne est parfaitement encline à oublier ce qu'elle veut ou ce qu'elle doit oublier.

Quant aux gouvernements progressistes, ils n'ont pas non plus souhaité apporter plus de transparence sur leur histoire actuelle. L'administration de José Luís Rodríguez Zapatero, qui a succédé à José María Aznar en mars 2004, a ranimé l'espérance à ce sujet, en adoptant une loi qui permettrait au pays de « refermer, honorablement pour tous, un chapitre tragique de l'histoire ». En réalité, il faisait référence à l'époque fasciste, sous Franco. L'incident du juge Garzón montre bien que l'Espagne ne souhaite ni établir une loi de transparence, ni faire preuve de plus de sincérité. Par conséquent, notre enquête en Espagne s'avérera d'autant plus difficile.

Les conséquences de l'avarice

Au fur et à mesure de mes recherches, je me posais de plus en plus de questions. Qu'est-ce que je cherche ? La vérité qui se cache derrière les plans d'un coup d'État. Quelles sont mes attentes ? Que les responsables soient nommés et si possible poursuivis en justice ? Que les mercenaires impliqués purgent leur peine, mais que l'on puisse également démasquer tous les personnages terrés dans les coulisses ? Que l'on puisse séparer les coupables de ceux qui n'ont pas eu de chance, des naïfs ou simplement des avares, aveuglés par leurs propres intérêts ? Et, naturellement, on en vient à se demander s'il est bien raisonnable d'espérer que les dirigeants des États-Unis, de l'Espagne et du Royaume-Uni aient un jour à assumer la responsabilité de leurs politiques devant un juge. Cela n'intéresse pas leurs successeurs : Obama, Zapatero et Cameron. Nous savons très bien que le président George Bush n'aura de compte à rendre à personne pour avoir toléré les tortures de la prison d'Abu Graib, en Irak. Il en va de même pour celles de la prison de Guantanamo, à Cuba. L'ancien premier ministre Aznar ne devra pas non plus témoigner ou se justifier d'avoir laissé le coup d'État se préparer dans son pays. Et Tony Blair ne sera pas poursuivi pour avoir conduit son pays à la guerre contre l'Irak pour de faux prétextes. Serait-il possible qu'un pays membre de l'Union européenne, une démocratie avec à sa tête un roi cultivé, défenseur des Droits de l'Homme, puisse être complice d'un coup d'État ? Et si c'était le cas, l'un de ses dirigeants le reconnaîtrait-il un jour devant un juge ? Il est probable que non. C'est pourquoi il nous faut aller trouver la transparence là où nous le pouvons.

En outre, la question de la fiabilité des témoins subsiste. Par exemple, ceux qui recherchent la complicité de l'Espagne dans le coup d'État. Des personnes qui se souviennent encore, en partie, du sentiment d'être humiliées par un colonisateur qui ne manifeste aucun respect pour son prochain africain. Des témoins qui ont vu de leurs propres yeux à quoi mène l'avarice, lorsque le colon ne vient pas pour s'installer sur ta terre, mais simplement pour emporter avec lui ses fruits. Le jour où ils ont abandonné la Guinée-Équatoriale en 1968, les Espagnols n'ont absolument rien laissé là-bas, sur cette étrange enclave, coincée entre le Gabon et le Cameroun, avec une capitale située sur une île du golfe de Guinée et une autre île isolée, Annobón. Ils n'ont rien laissé d'autre que de vieilles Landrovers et quelques hangars délabrés, qui leur servaient autrefois à faire sécher les précieux grains de café et de cacao. Ils n'y ont pas même laissé une seule école ou un seul hôpital digne de ce nom, ni même des civils formés. L'Espagne n'a jamais eu l'intention de transformer la Guinée-Équatoriale en une colonie, en un pays où les Espagnols pourraient travailler, fonder une famille et mourir. Ils n'ont pas agi comme les Britanniques ou les Français dans les pays limitrophes tels que le Nigeria, le Gabon et le Cameroun. Ils n'ont pas investi dans des infrastructures pour un avenir où la population locale aurait pu avoir un rôle à jouer. L'objectif de Madrid était de garder bien attachées les bêtes de somme intelligentes. Tandis que les Portugais, en Angola, ont développé des projets sur le long terme, qui leur permettaient de vivre comme des princes sous les palmiers tropicaux, la stratégie espagnole, elle, était purement économique. Mais à la fin du régime de Franco, le pays étant au bord de la faillite, il était impossible de rester, même dans une petite colonie bon marché et rentable. C'est pour cela qu'en 1968, le pouvoir fut cédé à un homme dont la confiance était discutable mais qui pouvait être, en quelque sorte, géré par Madrid, à distance. Mais cela n'eut pas le résultat escompté. De fait, le nouveau président, Francisco Macías Nguema, non seulement agissait pour son compte, mais il conduisait son pays à la ruine la plus totale. En onze années de politique néfaste, la Guinée-Équatoriale avait véritablement touché le fond, sans qu'il ne reste plus aucun vestige d'intelligence ni d'ambition. Macías, dans sa paranoïa de destruction, avait réussi, quand son neveu Teodoro Obiang Nguema Mbasogo est arrivé au pouvoir le 3 août 1979, à ne laisser dans tout le pays plus qu'un seul médecin et deux infirmières. Les autres médecins avaient disparu ou avaient été assassinés, de même que la majorité des instituteurs, des chercheurs, des fonctionnaires, des chefs d'entreprise et des religieux. Plus de la moitié de la population avait fui le pays et Macías, pour se réfugier dans les pays voisins et en Espagne. Son successeur se retrouva à la tête d'un pays complètement ruiné, sur les plans économique et psychologique, à cause de la politique duale inefficace de l'Espagne.

Par conséquent, dans quelle mesure peut-on se fier à des témoignages de personnes au passé doublement cruel, pour qui l'Espagne avait pendant longtemps joué le premier rôle ? Il est évident que les victimes restent extrêmement critiques sur leur bourreau, même quarante ans après. Si rien ne va plus, c'est l'Espagne qui est le coupable. De son côté, depuis l'époque de Franco, l'Espagne n'a pas eu beaucoup de tact dans ses relations avec la Guinée-Équatoriale, c'est le moins qu'on puisse dire. Parmi le peu d'informations qui nous parviennent sur ce pays, la majorité des informations négatives vient d'Espagne, où l'opposition active contre le président Obiang y est installée depuis les années 1960. Des reportages, dans les journaux tels que *El País* et *El Mundo* relatent, année après année, les injustices, sans (vouloir) parler des progrès évidents qui ont été faits dans tous les domaines, surtout pendant ces dix dernières années. Les infrastructures, ainsi que l'éducation, le système sanitaire, l'emploi et la sécurité ont fait « un bond en avant », selon les paroles de Chester Norris, ancien ambassadeur des États-Unis à Malabo.[4] L'opposition, très active également aux États-Unis, utilise des sénateurs et des lobbys pour répandre à travers le monde des communiqués négatifs sur le pays. Il suffit d'aller sur internet pour voir que les journalistes copient les uns

---

[4] Entretien avec l'auteur, à Houston, en septembre 2009.

sur les autres, la plupart du temps sans avoir jamais mis un pied en Guinée-Équatoriale. Naturellement, le gouvernement d'Obiang, et on pourrait en dire de même du continent africain, n'est pas parfait et le président en est tout à fait conscient. Dans un système de clans, au milieu de jeux de pouvoir, de jalousies et de mesquineries omniprésentes, il est difficile de rester au pouvoir sans être ferme et sévère. Dans le contexte africain, je ne puis m'empêcher de le répéter, la Guinée-Équatoriale est loin d'être une exception. Mais il existe une opposition, dont l'activité est nourrie, entre autres, par ceux qui voulaient s'emparer du pouvoir à Malabo.

Indépendamment de l'hospitalité que l'Espagne offre à cette opposition, sur laquelle je m'étendrai plus en détail dans cette enquête, le pays n'a pas la moindre intention d'améliorer ses relations avec son ancienne colonie. Madrid, semble-t-il, n'a pas réalisé que de bonnes relations diplomatiques et économiques pourraient améliorer la transparence en Guinée-Équatoriale et accélérer ainsi le processus démocratique. Bien que le roi Juan Carlos I ait répété, selon sa tradition, qu'en ce qui concerne l'Espagne, « le passé appartient au passé [5] », aucun chef de gouvernement ni aucun roi ne se sont rendu en visite officielle dans le pays depuis 1979. En voyant l'ambassade de l'Espagne à Malabo, située au milieu de vieux conteneurs, dans un petit jardin mal entretenu, on peut se faire une idée de la vision qu'a l'Espagne de son ancienne colonie[6]. Oublier le passé peut être une bonne chose, mais alors pourquoi ne pas participer avec enthousiasme à la construction de l'avenir ? Cela dit, l'institut culturel espagnol à Malabo est un centre de formation sérieux, un point de rencontre social et (nous le confirmons !) un bon restaurant.

Du point de vue espagnol, on peut sans doute comprendre les réticences. Lorsque, à la fin des années 1980, il fut question, tout d'un coup, de l'existence de gisements de pétrole brut et de gaz dans les eaux territoriales de Guinée-Équatoriale, les experts

---

[5] Entre autres, lors de la conversation entretenue avec l'ambassadeur Ignacio Milan Tang, premier ministre du pays, en 2006, lorsque je remis au roi ses lettres de créance. Source : entretien de l'auteur avec Milan Tang, le 17 mai 2010, à Malabo.
[6] Entretemps, après de nombreuses négociations, une nouvelle ambassade est en construction à Malabo, 42 ans après le départ de l'Espagne.

espagnols ne trouvèrent pourtant rien du tout. Du moins, c'est ce qu'ils affirmèrent. Obiang ne recula pas devant cet avis négatif, et il proposa à une entreprise américaine[7] de faire des recherches. Bingo ! La Guinée-Équatoriale, qui comptait 750 000 habitants à l'époque, apprit qu'elle se trouvait sur un important puits de pétrole brut. Par la suite, le pays découvrit qu'il était situé, en outre, sur une réserve de gaz également importante. Ainsi, Obiang eut l'impression que les Espagnols s'étaient moqués de lui, et il ne leur fit plus jamais confiance. Les compagnies pétrolières espagnoles se virent refuser l'accès à l'or noir, ce qui augmenta d'autant plus la frustration de Madrid. Depuis, Obiang a tenté de faire un pas en avant, à diverses reprises, vis-à-vis de compagnies (pétrolières) ou vis-à-vis d'hommes politiques. Il a aussi tenté de renouer les relations avec le roi, mais en vain : la relation entre les deux pays reste tendue, ce qui rend d'autant plus difficiles les relations ouvertes.

Les faits et leurs interprétations

Revenons-en aux nombreuses attestations de personnes non équato-guinéennes et aux témoignages, loin d'être neutres, que nous avons recueillis pour notre enquête cachée sur la tentative de coup d'État de mars 2004. Depuis le début, nous nous sommes rendu compte que les témoins avaient de multiples raisons pour avoir une image dénaturée de l'Espagne, et nous avons donc redoublé de minutie dans nos recherches, en particulier lorsque les suspicions et les accusations étaient dirigées contre Madrid. Il est important de souligner ce détail à ce stade du récit, puisqu'il sera démontré, au fur et à mesure de l'enquête, que l'Espagne, malgré nos soins pour trier les témoignages, n'a en effet pas joué un rôle respectable. En plus de l'Espagne, d'autres grandes puissances, occidentales ou non, ainsi que des entreprises commerciales, attendaient les changements avec impatience, à l'arrière-garde. Pour des raisons différentes, chacun de ces acteurs avait un intérêt dans le nouveau régime de la Guinée-Équatoriale. En cachant des informations, en apportant une aide logistique, ou en fermant les

---

[7] Walton Oil.

yeux au moment opportun, ils ont tous contribué à la tentative de coup d'État contre le président Obiang.

Dans cette enquête, je n'aborderai pas la question de savoir si leur attitude faisait partie d'un scénario prévu, que ce soit au niveau moral, politique ou économique. Je ne pourrais pas donner de réponse perspicace, puisque je ne sais pas comment les successeurs d'Obiang auraient gouverné le pays. Cependant, en observant les expériences des pays voisins, on se rend compte qu'il est improbable qu'un démocrate de type européen ait occupé le palais présidentiel. La réflexion n'a pas dû être bien longue, l'essentiel était le court terme et les bénéfices immédiats des industries du pétrole et du gaz ; mais les besoins locaux, les systèmes éducatifs et sanitaires ou l'avenir après le pétrole n'ont pas été pris en considération. Ces hommes étaient surtout des opportunistes et non des visionnaires, des rapaces et non des patriotes ; ils recherchaient avant tout une meilleure qualité de vie pour leurs descendants. À ce propos, nos recherches mettront en valeur certains aspects importants.

Il est de plus en plus évident que la Guinée-Équatoriale commence à souffrir de l'isolement, à cause de l'image négative façonnée, principalement par la presse européenne et américaine, par différentes ONG, surtout en Espagne. Et tout cela, malgré les améliorations manifestes qui, en peu de temps, ont eu lieu dans un pays, qui, répétons-le, a dû tout recommencer, à partir d'une situation d'extrême faiblesse. Ces dernières années, la Banque mondiale et le Fonds monétaire international ont commencé à avoir une opinion plutôt positive du pays. Sa mauvaise image ne semble pas suffisamment négative pour empêcher les grandes compagnies pétrolières américaines d'investir des milliards en Guinée-Équatoriale et d'extraire des millions de barils de pétrole brut des fonds marins, afin de fournir du chauffage à des millions de foyers américains. On pourrait se demander si l'image du pays est plus alarmante pour Amnesty International que pour Exxon Mobil. C'est effectivement le cas dans notre monde imparfait, comme le sait si bien le président Obiang. Face au public, il est primordial de ne pas conclure d'accords avec un gouvernement dictatorial (selon le point de vue occidental), mais dans les coulisses, on n'hésite pas à serrer des mains et à donner des accolades. À Washington, pour certains hommes politiques, critiquer publiquement la Guinée-Équatoriale est devenu un passe-temps lorsqu'une opération « moralement propre » voit le jour aux États-Unis. On appelle cette pratique le *Guinea-bashing* (ou dénigrement systématique de la Guinée). Embêter l'élève le plus faible de la classe est évidemment très facile. Obiang a dû se réjouir lorsque le tout nouveau président des États-Unis, Barack Obama, l'a reçu comme un roi, avec sa femme, lors d'un déjeuner à New York, en septembre 2009[8]. Le golfe de Guinée est devenu pour les États-Unis un des objectifs d'intérêt stratégique nationaux les plus importants, étant donné que c'est dans ce Golfe que sont extraits 20 % de ses besoins en pétrole. En 2001, l'ancien Secrétaire d'État adjoint aux affaires africaines, M. Walter H. Kansteiner, a déclaré aux magnats du pétrole : « Ce sont des personnes comme vous qui ont réussi le développement de l'Afrique. » Presque dix ans plus tard, force est de constater que ce développement consiste seulement à donner quelques ordinateurs, à aider des écoles et à soutenir des campagnes contre le paludisme.

J'ai ainsi mis de l'ordre dans les faits, grâce à ce cadre, même si c'était surtout pour endiguer la répétition de demi-vérités et de théories de conspiration qui menacent la situation d'extrême faiblesse de la Guinée-Équatoriale. Pendant les six années qui se sont écoulées depuis la tentative de coup d'État, des histoires toutes plus extravagantes les unes que les autres ont été racontées. Un grand nombre d'entre elles sont parvenues dans la presse internationale avec des données décousues. Le journaliste britannique Adam Roberts regroupa le plus grand nombre de données disponibles, afin de réaliser sa version du coup d'État un peu dramatisée, mais qui s'est très bien vendue : *The Wonga Coup*[9]. Par contre, les obstacles imposés par les gouvernements du Zimbabwe, d'Afrique du Sud, de Grande-Bretagne, des États-Unis, d'Espagne et de Guinée-Équatoriale l'empêchèrent de faire des recherches précises et exactes sur les faits. Les références permanentes à des détails risqués, souvent inexacts, dans *The Wonga Coup* ont contribué à créer une ambiance de corruption,

---

[8] À l'occasion de l'Assemblée générale des Nations unies.
[9] Londres, 2006.

de peur, de superstition et d'abus de pouvoir, dont le pays ne peut plus se détacher. À la suite du livre de Roberts, et de nombreux autres communiqués plutôt sombres, la Guinée-Équatoriale s'est braquée, si bien que l'obscurité s'est installée, même là où un petit rayon de soleil aurait pu faire changer d'attitude ceux qui abusaient de la situation. Les journalistes et les chercheurs n'obtiennent leurs visas qu'au compte-goutte, ce qui, si l'on considère le point de vue de Malabo, n'est pas tout à fait illogique : on ne sait jamais qui pourrait venir préparer un nouveau coup d'État. C'est un peu comme le poisson qui se mord la queue.

Même si le président Obiang, malgré sa méfiance, accepte souvent que des journalistes (y compris des Espagnols) viennent en Guinée-Équatoriale et qu'il les reçoit, ceux-ci ne paraissent pas s'apercevoir qu'il leur dit la vérité. Il est étonnant que, face à une situation aussi incompréhensible et embarrassante, ni le président, ni son pouvoir judiciaire n'aient rendu publiques les preuves permettant de donner une image positive du pays ou, en tout cas, démontrant qu'il s'agissait de bien plus que d'une simple tentative de coup d'État, téméraire, de la part de plusieurs dizaines de mercenaires. Aujourd'hui, alors que la Guinée-Équatoriale a réaffirmé son intention d'être présente sur la scène internationale, et son désir de devenir un allié pertinent dans les divers comités de négociations, le gouvernement a changé d'avis et a décidé de mettre les preuves sur la table. Le monde peut donc savoir combien ce mini État africain si riche a souffert, en proie à des conspirations et à des intrigues entretenues par l'avarice et les politiques de pouvoir. Si l'on connaît la position ambigüe de la communauté internationale vis-à-vis de l'Afrique, il n'est pas surprenant que les informations aient été subtilisées avec autant de facilité. Après tout, le coup d'État aurait bien pu réussir, et dans ce cas, beaucoup de partis auraient été complices. Mais comme il échoua, personne ne se sentit visé et l'on ne chercha pas réellement à savoir la vérité. Qui cela pourrait-il bien intéresser ? Ainsi, la raison pour laquelle Malabo a tant espéré que l'affaire soit de nouveau étudiée, est évidente : de nombreux étrangers, certains chargés de hautes responsabilités, d'autres jouissant d'une très bonne réputation, s'en sortiraient bien mal. Des amis se révélant des ennemis, des confidents devenus des traîtres, des alliés transformés en lâches observateurs, et donc en complices. Ces conclusions n'auraient en aucun cas été bénéfiques pour un pays qui s'est efforcé d'être un allié commercial en puissance et qui réclame à grands cris des relations, des amis, de l'attention, mais surtout aucun ennemi. C'est pourquoi il est d'autant plus significatif que les autorités nous aient fourni, sans faire de commentaires ni donner d'instructions, des documents sur lesquels nous avons pu fonder notre enquête. Les documents étaient entièrement disponibles, nous avons pu vérifier les données librement et poser des questions ouvertement à qui nous voulions, aussi bien à l'intérieur qu'à l'extérieur du pays. Au début, nous ne pouvions pas imaginer, et les autorités de Malabo non plus, que ceci nous réserverait quelques surprises...

Un beau jour du mois de mai 2010, le président de la Haute Cour de justice, José Olo Obono, mandaté par le président, décida de tenter d'ouvrir les yeux du monde face au coup d'État, déjà presque oublié par la plupart. Les conséquences d'une révélation publique sur ce qui s'était passé en mars 2004 n'avaient, semble-t-il, plus aucune importance à ses yeux. Dans l'entourage du gouvernement, certains s'enhardirent même : jamais auparavant un pays africain n'avait mis le doigt sur la plaie des pays occidentaux, ces pays si convenables et si « corrects ». On imaginait déjà la scène : l'Afrique serait enfin une héroïne et l'Occident n'aurait plus qu'à observer, avec tous ses jugements obstinés. Mais ce livre n'est pas le scénario d'un film ; c'est un documentaire, écrit à partir de sources provenant d'Espagne, du Zimbabwe, d'Afrique du Sud, des États-Unis, du Royaume-Uni, des Pays Bas, de la Belgique et de la Guinée-Équatoriale elle-même.

Les auteurs n'émettent aucun jugement, ils laissent ce soin au lecteur. Grâce à des sources plus complètes, il permet d'initier plus de transparence dans un pays isolé qui, sans cela, ne pourrait pas se défendre du monde extérieur qui n'a presque jamais rien fait pour lui. L'avarice et la jalousie menacent ce petit État d'Afrique centrale sur lequel, depuis la découverte de son pétrole brut, règnent à la fois une bénédiction et une malédiction, comme c'est souvent le cas en Afrique. C'est un État que l'on pourrait décrire comme riche, trahi et oublié.

II   LA PIECE (EN SEPT ACTES)

PREMIER ACTE : OU LES PERSONNAGES SONT PRESENTES ET LES PREMIERS PREPARATIFS ESQUISSES.

Hiver 2002. Quelque part en Afrique, un homme s'ennuie royalement. Il s'appelle Simon Mann, il est le descendant d'une lignée de brasseurs millionnaires qui ont fait fortune grâce à la bière Watney. Il a fait ses études au prestigieux pensionnat pour garçons d'Eton, où tout bon Britannique reçoit une éducation raffinée et noue ses premières relations d'amitié sérieuses. Simon a achevé sa formation d'officier à l'académie Sandhurst, où il se refusait à être un officier banal, tout comme un chef d'entreprise banal. Après avoir subi une sélection très dure, il fut admis au sein des troupes d'élite de l'armée britannique, les fameux SAS, où il se distingua par son courage et son intelligence. Il travailla en tant qu'expert de la lutte contre le terrorisme, en Norvège, à Chypre, au Canada, en Allemagne, en Amérique centrale et en Irlande du Nord, entre autres. En 1981, il abandonna l'armée et, en civil, il s'initia à la sécurité informatique pour les grandes haciendas des princes arabes en Écosse. En 1993, il créa Executive Outcomes (EO) en Afrique du Sud, sa nouvelle patrie, avec l'homme d'affaires controversé : Tony Buckingham. Il s'agissait d'une sorte de club, comparable aux compagnies de sécurité privées agissant en Irak, et dont les idéaux romantiques se mesurent à l'aune des dollars qui leur sont payés. EO s'occupait de la surveillance, du transport, de l'organisation, des enlèvements et des entraînements dans les guerres et si nécessaire, y participait. Il travaillait avec des mercenaires sur des opérations secrètes, principalement en Afrique. Sous les ordres de Mann, *Executive Outcomes* a été présent en Angola, en Sierra Leone et au Zaïre. Dans ses jours les plus glorieux, la société comptait près de trois mille hommes en service. Ces chasseurs avaient enrôlé plusieurs rangs de SAS britanniques, des commandos Recce angolais, des Selous scouts rhodésiens, et du 32${}^{\text{ème}}$ bataillon Buffalo sud-africain[10]. En 1993, EO avait aidé le gouvernement angolais à reprendre la zone pétrolière de Soyo aux rebelles de l'Union nationale pour

---

[10] *Afrique, une nouvelle génération de 'chiens de guerre'*, Le Monde diplomatique, novembre 2004.

l'indépendance totale de l'Angola (Unita). En 1995, EO entraîna une unité d'élite en Sierra Leone, qui contribua rapidement à inverser le rapport de forces en faveur du gouvernement officiel. Ensuite, ils prirent le contrôle d'une des zones diamantifères et assurèrent la surveillance nécessaire contre les voleurs. L'ONU a rendu hommage à ces « pros disciplinés et efficaces », dont la qualité du travail est telle que leur passé « importe peu »[11].

En bref, Mann ne récolte que des succès et il remplit non seulement ses poches, mais aussi celles de ses hommes, qui l'adorent. Lorsque les autorités sud-africaines interdisent, en 1998, le mercenariat et le recrutement des mercenaires, la société EO est officiellement dissoute. Marié (deux fois divorcé), père de six enfants, Mann est propriétaire de maisons au Hampshire et au Cap, mais la vie civile ne l'intéresse pas. Après avoir passé de longues journées à pêcher, collectionner des statues et donner des dîners pour ses amis, Mann cherche toujours de nouveaux défis. Et il en trouve en général assez rapidement, de préférence en Afrique, où il a appris à manigancer tous ses projets.

En janvier 2003, le feu est ravivé. L'homme d'affaires anglais Greg Wales[12] et l'agent immobilier Gary Hersham invitent leur ami Simon Mann à un voyage d'affaires au Gabon. Ils souhaitent le présenter à Omar Bongo, le président, qui a besoin de conseils sur la sécurité de l'industrie pétrolière du pays[i]. La conversation, positive et ouverte, se déroule bien mais ils ne parviennent pas à un accord. Il est possible qu'ils aient parlé à ce moment-là de la situation en Guinée-Équatoriale, étant donné que le Gabon était souvent engagé dans des conflits de frontières avec ce pays voisin. En fin de compte, on peut dire que Mann est, d'une certaine manière, un professionnel pour régler ce type de conflits...

---

[11] Citation de James Jonah, représentant du secrétaire général de l'ONU, à Freetown. *L'Express*, 2 mai 1996.
[12] Gregory Wales est associé à la *Sherbourne Foundation*, qui a reçu en 2004 d'importantes sommes d'argent de la part de Mann. On suppose que Wales, quant à lui, contribua au coup d'État à hauteur de 500 000 dollars. C'est ce qui a été déduit des déclarations de Mann après son arrestation, en mars 2004.

À ce moment-là, Wales et Hersham étaient parfaitement certains que Mann avait une prédisposition à l'aventure. Et eux connaissaient quelqu'un qui attendait une bonne opportunité pour agir. C'est alors qu'une semaine plus tard, en février, Hershman fait les présentations entre Mann et Ely Calil, sous prétexte que cet homme d'affaires à la fois britannique et libanais, établi à Londres, aurait des idées intéressantes à propos du Gabon[13].

Ely Calil, une araignée sur sa toile

Lorsque Mann fait des recherches sur les antécédents de Calil, il découvre quelques détails particulièrement intéressants : ce multimillionnaire, né en 1945 au Nigeria, fit fortune grâce à des accords sur le pétrole, entre autres au Nigeria. En 2002, Ely Calil fut mis en examen par la justice française dans le cadre de l'affaire Elf, pour son implication en tant qu'intermédiaire du dirigeant nigérian Sani Abacha, en faveur du groupe pétrolier Elf Aquitaine (détenu aujourd'hui par Total). Le PDG d'Elf de l'époque, Philippe Jaffré, affirme qu'il s'agissait d'une somme de 70 millions de dollars, qui aurait été répartie entre Calil et deux autres *collaborateurs*. Mais Calil ne fut jamais accusé officiellement et il sortit indemne de cette affaire[14].

Calil fait partie de cette poignée d'hommes qui signent de grands accords sur l'énergie, à l'arrière-garde : toujours anonyme, très efficace, et très intéressé par l'argent. Un diplomate américain dit un jour, à propos de Calil, que : « Face à ce type d'homme, tu t'accroches à ton porte-monnaie, au cas où il mettrait la main dessus sans que tu t'en rendes compte. » Quoi qu'il en soit, Calil, tel un renard rusé, utilise ses contacts partout dans le monde, non seulement pour faire des affaires, mais aussi, dans une certaine mesure, pour les diriger... Les hommes qui trouvent des solutions à tous ces problèmes liés au pétrole n'écrivent presque jamais rien, leurs accords sont basés sur la confiance mutuelle et dans le meilleur des cas, ne sont scellés qu'avec des mots. Le pétrole brut, et Calil le sait mieux que personne, n'est pas uniquement une marchandise, c'est avant tout une arme

---

[13] Cf. la déclaration de Simon Mann du 05/03/2004 à Harare, annexe IV-1.
[14] Magazine *Harper*, mars 2009.

politique incroyablement puissante. Et lorsque l'on possède ce type d'armes, on traite principalement avec les plus gros poissons. Courtes distances, extrême discrétion, gains extraordinaires. Selon Ken Silverstein, l'auteur d'un long article sur les hommes forts du pétrole, publié dans le magazine *Harper* [15], Calil aurait déclaré un jour que les États-Unis voulaient du pétrole bon marché, mais que, pour l'obtenir, il était indispensable d'utiliser « quelques raccourcis ». Ce qu'il voulait dire par là est indéniable : faire des affaires discrètement, en passant par des intermédiaires qui ne sont pas acceptables officiellement, parce que les signataires sont des dirigeants corrompus, ou des pays figurant sur la liste noire. En fin de compte, pour l'homme qui tire les ficelles, le pétrole passe avant l'éthique ; quant à l'argent, il est, naturellement, plus important que des principes. Cet homme est, sans aucun doute, l'âme sœur de Mann[16].

Mann est de plus en plus intrigué. Il s'avère que Calil compte parmi ses amis de nombreux dirigeants, tels que Mouammar Kadhafi. Il a aidé ce dernier à concevoir une stratégie pour que la Coupe du Monde de football ait lieu à Tripoli. À Lagos, Moscou et Beyrouth, Ely Calil fait presque partie de la famille, il connaît les seigneurs de la guerre tchadiens, il a été conseiller personnel du président sénégalais Abdulaye Wade et il est un ami personnel des PDG des grandes compagnies pétrolières des États-Unis, avec lesquelles il négocie, aussi bien en Afrique qu'en Amérique du Sud. Ely Calil parle couramment cinq langues, il possède des maisons impressionnantes, fréquente les plus belles femmes et sait profiter des meilleures tables et des vins les plus raffinés. Tandis que, d'une main, il signe des accords avec des dirigeants douteux, c'est le moins qu'on puisse dire, de l'autre, il entretient de bons rapports avec la CIA, à qui il offre régulièrement ses services. Il parvient à garder un équilibre presque parfait entre les affaires et la politique, si bien qu'il possède, dans la plupart des cas, des dossiers suffisamment importants sur de nombreuses personnes, pour les dissuader de l'attaquer. En outre, il sait bien que « dès que l'on parle de

---

[15] Magazine *Harper*, mars 2009.
[16] John Ghazvinian, *Untapped,
The Scramble for Africa's Oil*, Orlando, 2007, page 191.

pétrole, les Américains se montrent intéressés », comme il l'a avoué au magazine *Harper*[17].

Plutôt romain que carthaginois

Tout comme Simon Mann, Ely Calil est un fervent admirateur de Napoléon. Robin Birley, un célèbre ami conservateur, qui lança une campagne de publicité en faveur du dictateur chilien Pinochet, décrit Ely Calil en ces termes : il s'agit d'une « âme inquiète : faire des affaires ne lui suffit pas, ce qu'il aime, c'est bâtir des empires. En ce sens, il est plutôt romain que carthaginois. »

Mais ce n'est pas tout. Il semblerait que Calil ait noué des liens d'amitié avec de nombreux hommes politiques illustres, surtout dans le cercle des conservateurs. Un de ses bons amis, l'écrivain à succès Lord Jeffrey Archer, homme politique détesté au Royaume-Uni, s'avérera avoir été un complice financier du coup d'État, même s'il le nie catégoriquement. Ely Calil est également le préféré de la famille Thatcher et de l'homme politique Peter Mandelson, ancien commissaire européen, connu pour les scandales dans lesquels il a trempé, et surnommé Mandy, le *Prince des ténèbres*. Mandelson loue un appartement (prix de vente : un demi-million de livres sterling) à Calil dans le quartier privilégié de Holland Park, à Londres. Il s'est vu obligé, à trois reprises, d'abandonner différentes charges dans le gouvernement, à cause d'affaires illicites, et non seulement il aurait été au courant de la tentative de coup d'État, mais il aurait affirmé à Calil que le gouvernement britannique n'y verrait aucune objection. Calil pouvait donc compter sur le soutien de Mandelson à Londres[18].

Mais ce que Mann ne savait pas encore, c'est que Calil entretenait également de très bonnes relations avec Severo Moto, qui s'était autoproclamé président de la Guinée-Équatoriale en exil. Calil aurait, paraît-il, aidé Moto à financer sa campagne de publicité. Dans l'article mentionné ci-dessus, de Ken Silverstein, on apprend que Calil connaissait, entre autres, Victoria Butler,

---

[17] Mars 2009.
[18] Citation de Ghazvinian, page 192.

une spécialiste des « relations publiques », qui aidait Moto à forger des amitiés à Washington D.C. En 2002, Calil finance le voyage aux États-Unis de Moto et il paye, en plus, la facture de Butler. Il n'est pas certain qu'à ce moment-là, Simon Mann ait déjà fait des recherches sur les antécédents de Moto. Si c'était le cas, voici ce qu'il aurait très probablement trouvé:

Severo Moto, le journaliste devenu candidat

Né en 1943, à Acok, un village situé près de la frontière avec le Gabon, Severo Moto Nsa est d'abord attiré par la vie religieuse, puis il se détourne de cette vocation pour étudier les sciences sociales et le journalisme en Espagne. En 1971, il revient dans son pays natal, comme rédacteur en chef d'*Ebano*, le journal national, au tirage irrégulier. Trois ans plus tard, il est accusé par le président Macías d'écrire des articles allant à l'encontre de l'état et il est emprisonné pendant trois ans. Lorsqu'il est libéré, en 1979, Obiang a tout juste renversé son oncle, Macías, et c'est Moto, en tant que correspondant national, qui est alors tenu de relater tous les évènements qui surviennent dans le pays. Il sera récompensé par un poste dans le gouvernement, secrétaire d'État à la presse, la radio et la télévision. Mais en 1981, Moto démissionne, contre l'avis d'Obiang. La réconciliation entre les deux hommes n'aura jamais lieu. En passant par le Gabon, Moto s'enfuit pour Madrid, où il demande et obtient l'asile politique. En 1984, il crée le Parti du progrès (PP) et quatre ans plus tard, il revient en Guinée-Équatoriale pour tenter de faire reconnaître son parti et éventuellement se présenter comme candidat aux élections. Obiang considère ce retour comme une stratégie pour le supplanter et Moto, ainsi que d'autres membres du Parti du progrès, est jugé par contumace et condamné à mort. En 1992, Moto fait une nouvelle tentative et obtient, au début, plus de succès. Il parvient à créer une agence pour son parti qui est, après quelques difficultés, finalement déclaré parti officiel. Mais en 1993, il demande à ses compatriotes de boycotter les élections, qui ne sont qu'une « mascarade ». Environ 80 % de la population a entendu son appel et décide de ne pas se rendre aux urnes. Lors des élections municipales, deux ans plus tard, son parti n'obtient pas de bons résultats, face à une majorité de 89 % des votes, rassemblée par Obiang et son Parti démocratique de

Guinée-Équatoriale (PDGE). L'année suivante, Moto se présente comme candidat aux présidentielles, mais ces élections seront de nouveau, à son appel, boycottées. Désillusionné, il quitte la Guinée-Équatoriale le 9 juin 1996 et s'installe temporairement en Espagne. En 1997, il tente, depuis l'Angola, de prendre le pouvoir par un coup d'État, mais les autorités l'interceptent et il est alors emprisonné. Il parvient de justesse à échapper à l'extradition en Guinée-Équatoriale, uniquement grâce au premier ministre espagnol de l'époque, José María Aznar, qui a pitié de lui et lui envoie un avion pour aller le chercher en Angola. Moto reçoit de nouveau l'asile politique à Madrid. C'est de là qu'il établit, le 29 août 2003, un gouvernement en exil, dont il se proclame président. Mais il n'a qu'un seul rêve : revenir dans son pays et succéder à Obiang comme nouveau président de la Guinée-Équatoriale. Il faudra patienter encore, le moment n'est pas encore venu...

La Guinée-Équatoriale sur le calendrier

Lorsque Mann et Calil se rencontrent pour la première fois, dans son palace d'une valeur de vingt millions de livres, au 149 de la Old Church Street, à Chelsea, ils ne parlent pas, comme je l'ai dit précédemment, du Gabon, alors que pourtant le Libanais est un bon ami d'Omar Bongo, son président. C'est l'expérience de Mann en Sierra Leone et en Angola qui intéresse surtout Calil. Entre deux gin-tonics [ii], la Guinée-Équatoriale n'est pas encore évoquée dans leurs conversations. Mann pense que Calil a bien fait ses devoirs, puisqu'il connaît ses interventions en Angola et son rôle au sein de la société Executive Outcomes. Il est également au courant de la relation de Mann avec le président, reconnaissant, de la Sierra Leone.

Calil est séduit par Simon Mann et l'invite à une autre réunion, vers la mi-mars, à Londres. On ne sait pas exactement si c'est lors de cette réunion que le sujet de la Guinée-Équatoriale est abordé ou non,[iii] comme l'a déclaré Mann à Harare (point 5). Il semblerait que Calil ait demandé à Mann de se renseigner sur ce pays, dont Mann n'avait jamais entendu parler auparavant. D'après d'autres sources, ils n'ont commencé à parler de la Guinée-Équatoriale que lors de la réunion du 21 mars. Selon Mann, Calil aurait alors fait part de son plan pour renverser le gouvernement d'Obiang : ce pays avait besoin d'un dirigeant professionnel et surtout d'hommes, comme lui, qui s'y connaissaient en pétrole. D'après lui, le pays ne tirait pas assez profit des négociations avec les grandes compagnies pétrolières. La Guinée-Équatoriale est un petit pays, qui a peu d'amis, remplacer son président ne poserait donc aucun problème. Qui serait le remplaçant ? Mann affirme qu'Ely Calil aurait tout de suite répondu à sa question. Il mentionna son ami, Severo Moto. Ce dernier a déjà construit une structure politique et il est soutenu par des contacts clandestins dans son pays. Calil, qui veut à tout prix être le « chief oil broker » (négociateur en chef du pétrole) de la Guinée-Équatoriale, est plus que disposé à investir 16 millions de dollars pour Moto, en échange de ce poste. Pour Calil, il n'était pas étonnant du tout que la communauté internationale puisse faire la sourde oreille à quelques mercenaires cherchant à faire un coup d'État. D'après Mann, Calil va encore plus loin : il suggère même qu'Obiang devrait être assassiné. Son exil ne serait pas suffisant. Il évoque aussi la possibilité d'une longue guerre de guérilleros[iv].

Mais Mann n'est pas convaincu, il fait donc savoir à Calil, lors de la réunion suivante à Londres, en avril ou mai 2003, qu'il refuse de tuer Obiang ou de commencer une guerre en Guinée-Équatoriale. Calil lui explique alors son nouveau plan, en deux étapes : la première serait un coup d'État pacifique dans le palais ; la deuxième serait l'arrestation d'Obiang[v]. À cette occasion, Calil propose à Mann de rencontrer Severo Moto, pour échanger leurs impressions[vi]. Mann n'y voit pas d'objections.

En mai, Mann se rend à Madrid pour une réunion avec Ely Calil, Karim Fallaha (ami de Calil, gérant de la société *Asian Trading & Investment Group*, à Beyrouth), Severo Moto, Henry Moawad (président de *Asian Trading & Investment Group*) et Antonio Sánchez, à l'hôtel *Duque de Alba*, à Madrid. Voici un détail intéressant : Sánchez ne participe pas seulement en tant que chef d'entreprise (comme il se présente lui-même) mais comme le soi-disant envoyé spécial du président espagnol José María Aznar, qui s'est pris de sympathie pour Moto et son projet de devenir le nouveau président de la Guinée-Équatoriale. L'Espagne est frustrée de n'avoir pu obtenir aucune concession pour exploiter les riches champs pétroliers de son ancienne colonie. Le président Obiang n'a pas eu la présence d'esprit d'offrir quoi que ce soit à ses anciens colonisateurs, à partir du moment où les Espagnols lui avaient soutenu qu'il n'y avait pas de pétrole dans les eaux territoriales de Guinée-Équatoriale. Lorsqu'un peu plus tard, on découvrit que c'était faux et qu'il y avait bien du pétrole, Obiang se sentit trahi par l'Espagne. Un nouveau président, pensait Madrid, pourrait adoucir la position de la Guinée-Équatoriale, surtout si l'Espagne envoyait des signes de soutien pendant les préparatifs de la révolte.

L'Espagne oublie très rapidement

Le gouvernement d'Aznar était le seul dans le monde entier à reconnaître le gouvernement en exil de Severo Moto, même s'il existait à Madrid une ambassade de Guinée-Équatoriale, et que son ambassadeur présentait toujours officiellement ses lettres de créance au roi[19]. D'un point de vue protocolaire, cette situation était pour le moins anormale. En mai 2010, l'ancien ambassadeur, M. Ignacio Malang Tang déclara à Malabo, avec un grand sourire, que, comme le roi l'avait précisé lors de leur première rencontre, l'Espagne souhaitait se tourner vers l'avenir et laisser le passé derrière elle. D'après Malang Tang, le premier ministre de la Guinée-Équatoriale depuis 2008, le roi Juan Carlos Ier avait déjà, à ce moment-là, un programme double. Peut-être le roi se rendait-il compte du peu de poids de ses paroles dans cette maigre tentative de réconciliation. Ou alors, il estimait que les relations entre les deux pays s'amélioreraient vraiment s'ils oubliaient le passé. Dans la droite ligne du Pacte de l'oubli, déjà mentionné, cette attitude n'est-elle pas « typique de l'Espagne » ?[20]

---

[19] Aujourd'hui encore, Aznar soutient Moto et ses amis, à travers la fondation FAS, de même qu'il soutient les dissidents cubains ou de même qu'il cherche à obtenir plus de compréhension à l'international, pour sa position en Israël.
[20] Entretien à Malabo, le 16 mai 2010.

Jusqu'à aujourd'hui, le gouvernement nie catégoriquement qu'Aznar, ou qui que ce soit d'autre, ait été au courant des plans. Et bien sûr, il n'est pas non plus pensable qu'Aznar, comme l'a affirmé Mann, ait investi de l'argent pour la cause, que ce soit de sa poche ou par l'intermédiaire d'une organisation. Mais seule la pression internationale permettrait de rendre possibles d'éventuelles poursuites judiciaires contre Aznar. Jusqu'à aujourd'hui, toutes les tentatives pour convaincre le gouvernement espagnol ont été vaines. Dans tous les cas, Sánchez était bien présent lorsque Mann et Moto ont signé leur premier contrat, à Madrid[21]. C'est à peu près à ce moment-là que Moto a créé le gouvernement officiel de la Guinée en exil, reconnu par Aznar. Quelques jours plus tard, des armes étaient achetées au Congo et au Zimbabwe (et peut-être aussi en Ukraine).

D'après les déclarations de Mann à Harare[22], Moto lui fit plutôt une bonne impression : il a trouvé que c'était un homme sympathique et honnête, qui cherchait à délivrer son pays d'Obiang. Par contre, Mann ne fait aucun éloge d'Obiang, qui est, d'après lui, le chef d'un « état policier, coupable de cannibalisme, d'assassinats et de viols. » [23] Moto présenta à Mann l'ancien général Gabriel Zaragoza, également ex-chef des services de sécurité du président Obiang, qui s'était exilé à Madrid, après un scandale impliquant sa femme et le président. Zaragoza n'avait qu'une idée en tête : se venger, et il offrit donc ses services pour un possible coup d'État. Son rôle aurait consisté, entre autres, à fournir une carte détaillée de Malabo, avec des précisions sur les positions du palais d'Obiang, des stations de radio et de télévision, et de quelques ministères[24].

---

[21] Cf. Annexe IV-2
[22] Déclaration de Simon Mann à Harare du 05/03/2004, point 7, Annexe IV-1.
[23] Déclaration de Simon Mann à Harare du 05/03/2004, point 8, Annexe IV-1.
[24] Les autorités du Zimbabwe ont retrouvé la carte dans l'avion des mercenaires, pendant l'inspection de l'appareil, qui avait atterri à Harare pour y faire escale le 7 mars 2003.

Un scénario double

De fait, on peut parler d'un scénario double : d'un côté, l'invasion de la Guinée-Équatoriale depuis l'aéroport international de Malabo et l'occupation des positions stratégiques de la capitale (et la prise de prisonniers ou, à défaut, l'élimination du président). C'est ce que nous appellerons le « scénario agressif ». Et de l'autre côté, le « scénario Moto », c'est-à-dire le scénario selon lequel une rébellion populaire pourrait se déclencher en Guinée-Équatoriale, et l'armée comme le peuple y participeraient. Les mercenaires serviraient de guides et de gardes du corps pour protéger Moto. Ce dernier passerait la frontière par le Gabon et se dirigerait vers son village natal, puis, de là, partirait « conquérir » le reste du pays. Mann et ses hommes recevraient, en échange de leurs services, une importante somme d'argent, des concessions pétrolières et, s'ils le souhaitaient, la nationalité équato-guinéenne. En d'autres termes, il y avait donc deux scénarios, plus ou moins flexibles, impliquant dans les deux cas les mercenaires et leurs protecteurs.

Le scénario agressif se base sur un complot où le président est assassiné ou exilé et où un successeur (Moto ou un autre candidat) revend le pays pour rien du tout, à des mercenaires et des magnats du pétrole. L'homme qui est sur le devant de la scène, c'est Mann[25]. Ce scénario sous-entend que l'Espagne, le Royaume-Uni, les États-Unis, l'Afrique du Sud et éventuellement la France sont au courant du coup d'État, mais n'interviennent pas. Le coup d'État se transforme alors plutôt en une conspiration internationale contre ce petit pays faible qu'est la Guinée-Équatoriale, dont ils espèrent tous pouvoir tirer profit.

Dans le scénario Moto, le candidat devait attendre les mercenaires au Gabon, puis traverser, escorté par eux, la frontière avec la Guinée-Équatoriale. Le feu de la révolution s'allumerait dans son village natal, puis se répandrait dans tout le pays, jusqu'à atteindre les portes du palais présidentiel de Malabo. Les mercenaires serviraient de garde rapprochée à Severo Moto pendant toute sa marche triomphale à travers le

---

[25] Il a d'ailleurs avoué sa complicité avec, entre autres, Thatcher, Moto et Calil, qui entretenaient de bonnes relations dans les hautes sphères de la politique internationale.

pays. L'actuel président aurait tout juste le temps de s'enfuir. Tout se passerait d'une manière pacifique, les financiers recevraient leur argent et un rôle dans le commerce du pétrole et le pays deviendrait, en un rien de temps, une véritable démocratie, avec l'aide de l'Espagne.

La moitié d'une grande somme, c'est déjà une grande somme...

Pendant ce mois de mai 2003, Mann rejoint son ami Nick du Toit, avec qui il a déjà travaillé par le passé, en échange d'importantes récompenses. Du Toit a acquis beaucoup d'expérience, dans le 32ème bataillon Buffalo, où il trouvait des solutions pour les activités « douteuses » des autorités blanches pendant l'Apartheid. Malgré toutes les négations catégoriques à posteriori, il est de notoriété publique que Du Toit a bien participé à tout le plan, et qu'il souhaitait faire partie de l'un ou l'autre des scénarios. Mann demande alors à Du Toit de recruter des candidats suffisamment qualifiés pour le coup d'État : des vieilles connaissances dans des troupes d'élite, avec lesquelles ils se sont déjà battus en Afrique, des pilotes et des hommes ayant des antécédents dans des commandos.

Dans tous les cas, faire des affaires en Guinée-Équatoriale semble être une très bonne idée : beaucoup d'argent, peu de talents. Si vous vous associez à des partenaires locaux, vous pouvez lancer un commerce dans presque tous les domaines. Mais, qu'importe ? La moitié d'une grande somme, c'est déjà une grande somme... En mai ou juin 2003, ils discutent de la possibilité de fonder une entreprise légale en Guinée-Équatoriale, qui pourrait servir de couverture et qui permettrait d'avancer de l'argent pour payer les différents frais. En outre, ce serait un bon moyen de gagner de l'argent si le coup d'État échouait[vii].

Pendant ce temps-là, Mann dut rencontrer plusieurs fois Ely Calil et Severo Moto. C'est à Londres qu'il rencontra Calil, en privé, pour concrétiser des détails concernant les coûts, le personnel et les armes, en vue du coup d'État. Ils estimèrent à 20 millions de dollars le coût total de l'opération. Le premier virement destiné à couvrir les frais des préparatifs (achat d'armes, d'avions, recrutement du personnel, voyages, etc.) provient d'un investissement de 20 000 dollars, sur le compte de la société Logo Logistics Ltd., gérée par Mann à Guernesey. Ce paiement aurait été réalisé en mai 2003, comme indiqué sur les reçus bancaires donnés par les avocats de Guinée-Équatoriale, grâce au juge de Guernesey, où Mann possédait plusieurs comptes, dans la Royal Bank of Scotland International. Des investisseurs comme Greg Wales et David Tremain contribuèrent également, à hauteur de 500 000 dollars chacun. Maintenant, place à l'action.

Nick du Toit va demander petit à petit le matériel nécessaire et commencer à recruter environ 75 hommes qui, toujours selon le scénario « pacifique », devaient constituer l'équipe d'escorte pour accompagner Moto lors du coup d'État[viii]. Pour les trouver, Nick du Toit va chercher principalement dans son bataillon Buffalo et dans le 5ème commando de reconnaissance, les troupes d'élite d'Afrique du Sud, où il a beaucoup de contacts et surtout où il sait que de nombreux hommes en ont assez de leur vie civile très ennuyante. Former une équipe est relativement facile. Dans sa déclaration à Harare (point 14), Mann confesse que Du Toit et lui pensaient pouvoir mener à bien leur tâche avec soixante-quinze hommes bien entraînés : c'était suffisant pour protéger Moto. Au final, les mercenaires embarqués dans l'avion pour le pays étaient moins de soixante-dix, et vingt autres attendaient à Malabo, au cas où le scénario Moto ne serait pas choisi. C'était peu d'hommes, étant donné que l'armée de la Guinée-Équatoriale compte 50 000 hommes, que la garde du président comporte un commando israélien et des agents de sécurité marocains et que le président en question est un officier très haut placé, formé à l'académie militaire de Zaragoza, très renommée. Il ne s'agissait pas vraiment d'un faible, qui aurait pu se rendre facilement face à une poignée de mercenaires. Il n'y avait pas assez d'hommes impliqués qui auraient pu assumer que les plans sortent au grand jour. Et non seulement en Afrique, mais aussi en dehors d'Afrique, comme ce sera dévoilé plus tard.

Tous à la pêche !

Vers la fin du mois de mai, Nick du Toit envoie ses bons amis Sergio Cardoso et Abel Augusto, faire un voyage de l'Afrique du Sud vers le golfe de Guinée, afin d'étudier les possibilités d'investissement, en particulier dans la pêche. Ils recherchent des partenaires possibles et rencontrent alors Agustín Masoko Abegue, qui à son tour les présente à Antonio Javier Nguema Nchama[ix], le conseiller particulier du président. Le confident d'Obiang envisage la possibilité de fonder une entreprise de pêche, ce qui leur permettrait de proposer également des services de sécurité maritime. La Guinée-Équatoriale est le pays le plus susceptible d'être attaqué par la mer, c'est pourquoi une garde côtière serait une bénédiction.

C'est alors que Mann, qui connaissait le pilote Crause Steyl, pour avoir travaillé avec lui dans des opérations précédentes, lui propose de participer au coup d'État. Steyl sera chargé de la logistique pour la partie aérienne de l'opération[x].

En juillet 2003, Mann et Du Toit ont tous les éléments en main : en principe, le coup d'État peut avoir lieu, en suivant le scénario Moto. Maintenant, le plus important est de trouver de l'argent, et si possible, tout de suite. Mais Calil revoit tout le programme et il garde son argent dans la poche[xi]. Nonobstant ceci, entre le 7 et le 10 juillet, plusieurs virements sont effectués :

– Le 07-07-2003 : la société Systems Design Ltd. verse 18 648,71 $ à ANSCAD Logistics The Reeds, par l'intermédiaire de la Harris Bank NY (G)[xii].

– Le 07-07-2003 : Systems Design Ltd. transfère 18 648,71 $ sur le compte de S.N. du Toit.

– Le 07-07-2003 : Systems Design Ltd. dépose 4 000 $ sur le compte de S.N. du Toit[xiii].

– Le 09-07-2003 ou le 10 juillet 2003 (reçu ?) : Karim Fallaha verse 49 983 $ à Logo Ltd. (Red TTK & Co./Entreprise Générale (G)[xiv].

– Le 10.07.03 : Logo Ltd. transfère 12 048 $ sur le compte de S.N. du Toit[xv].

– Le 25.07.03 : Logo Ltd. verse 7 500 $ sur le compte de S.N. du Toit TA MTN[xvi].

Le 20 juillet, Mann se rend à Madrid afin de préciser les détails du coup d'État. Une nouvelle réunion a lieu entre Calil, Fallaha et Moto et il insiste sur le fait qu'il ne souhaite ni morts ni actes de guérilleros, mais que les évènements doivent se dérouler de manière naturelle et pacifique. Simon Mann signe les contrats sous le pseudonyme du Capitaine F[xvii].

Deux jours plus tard, le 22 juillet, deux accords sont signés entre Moto et le Capitaine F. Le premier offre à Mann une récompense d'un million de dollars, en remerciement de ses services, et prévoit d'autres sommes d'argent pour ses complices[xviii][26].

Le second détaille les honoraires spécifiquement destinés à Simon Mann. C'est ainsi que Mann reçoit une somme de 15 millions de dollars[xix] (ce contrat a été signé en Afrique du Sud, avec les initiales DC).

À ce point des préparatifs, Mann et Calil se demandent, bien évidemment, si Moto est le personnage idéal pour diriger la nouvelle Guinée-Équatoriale. A-t-il suffisamment d'adeptes dans son pays ? Ne vaudrait-il pas mieux, pour remplacer Obiang, un homme complètement différent ? Lors d'une réunion à Beyrouth, Calil conseille à Moto de ne pas détenir à lui seul tout le pouvoir. Ils élaborent donc un plan B, qui consiste à trouver un nouveau candidat à la présidence. Et les voilà qui commencent à étudier différentes possibilités à Malabo, avec l'aide de personnes sur place – dont certaines ont des postes très importants –, et qui seront présentes dans cette reconstruction.

---

[26] Cf. Annexe IV-2

Nick du Toit s'installe à Malabo

En août 2003, Nick du Toit se rend à Malabo, pour y rencontrer le ministre Antonio Javier Nguema Nchama et Armengol Ondo Nguema, le frère du président Obiang et le chef de sa sécurité, afin de discuter de la création d'une entreprise de pêche. Armengol demande à Du Toit, qui lui semble être un parti intéressant, de se charger d'une enquête sur les possibilités du secteur agricole, qui est en piteux état (négligé depuis des décennies et dont les plantations de café et de cacao, en jachère, ont bien besoin d'être cultivées). Du Toit embauche un chercheur spécialiste de l'Afrique du Sud. Mann accepte d'investir 1 million de dollars dans l'entreprise, pour donner l'impression que Du Toit a vraiment l'intention de parier sur la Guinée-Équatoriale. La stratégie fonctionne remarquablement bien et Armengol devient, avec Antonio Javier et Masoko, le partenaire à cinquante pour cent de la société *Triple Option Trading 610 CC EG.SA*[xx]. Cette entreprise est la filiale d'une société que possède déjà Du Toit en Afrique du Sud, et ses activités seront principalement la pêche, le transport aérien, l'agriculture et « toute autre activité que l'entreprise souhaiterait entreprendre »[27]. De petites et de grandes quantités d'argent passent de mains en mains :

- Le 07.08.03 : Logo Ltd. verse 2 000 $ sur le compte de S.N. du Toit TA MTN[xxi].

- Le 14-08-2003 : HSBC Monaco verse 50 000 $ à Sys Dgn (G). (= System Designs à Guernesey).

Depuis la première rencontre, plusieurs autres virements sont effectués, en septembre et en octobre, entre *Systems Design Ltd.* et *Logo Ltd.* Un nom revient particulièrement dans ces virements : Ely Calil. Les autres destinataires de l'argent sont Du Toit, *Triple Aviation Ltd.*, Greg Wales, Gerhard Merz et *Ambulance Air Africa* (ainsi que l'entreprise qui est au nom de Steyl, à laquelle Mark Thatcher va également verser de l'argent quelques semaines plus tard).

---

[27] Déclaration de Du Toit, le 24 mars 2004 à Malabo.

- Le 02.09.03 : la société Systems Design Ltd. transfère 13 000 $ à S.N. Du Toit sur la Logistics The Reeds, par l'intermédiaire de JP Morgan NY (G)[xxii].

- Le 08-09-2003 : Ely Calil Claude Allan verse 249 973 $ à Logo Ltd (G)[xxiii].

- Le 11-09-2003 : Logo Ltd. transfère 5 000 $ à S.N. Du Toit TA MTN Solutions cc[xxiv].

- Le 12-03-2003 : Sys Dgn verse 10 millions de dollars à Gerhard Merz sur la Czech O Bank, par l'intermédiaire de DT Bank NY (G).

- Le 16.09.03 : Logo Ltd. transfère 26 149,54 $ à Systems Design Ltd[xxv].

- Le 22.09.03 : Logo Ltd. transfère 3 495 $ à G.J. Wales[xxvi].

- Le 23.09.03 : Logo Ltd. verse 3 600 dollars à S.N. Du Toit TA MTN Solutions cc[xxvii].

- Le 23.09.03 : Logo Ltd. transfère 13 448,50 $ à Systems Design Ltd[xxviii].

- Le 30.09.03 : Logo Ltd. transfère 4 263,09 $ à Systems Design Ltd[xxix].

- Le 30.09.03 : Logo Ltd. verse 2 500 $ à Systems Design Ltd[xxx].

- Le 01.10.03 : Logo Ltd. TA MTS transfère 50 000 $ sur le compte de S.N. du Toit[xxxi].

- Le 06.10.03 : Logo Ltd. transfère 2 391 $ à Gregory J. Wales[xxxii].

- Le 21.10.03 : Logo Ltd. transfère 15 000 $ à Ambulance Air Africa, par l'intermédiaire de la Std Bank NY (G) [xxxiii].

- Le 21.10.03 : Logo Ltd transfère 15 000 $ à S.N. Du Toit sur la First National Bank, par l'intermédiaire de JP Morgan NY (G)[xxxiv].

- Le 24-10-2003 : Mann verse, à partir d'un calcul de Steyl, 15 000 $ à Triple A, pour des vols de reconnaissance, qui font partie des préparatifs du coup d'État[xxxv].

- Le 28.10.03 : Logo Ltd. verse 5 176,91 $ à Systems Design Ltd[xxxvi].

En novembre 2003, Simon Mann parle pour la première fois avec Mark Thatcher de ses « plans » concernant l'Afrique centrale. Thatcher et Mann sont voisins dans le riche quartier de Constantia, au Cap. Mann sait bien que Thatcher est toujours disponible pour se lancer dans une nouvelle aventure, qu'il a de bons contacts et qu'il ne manque pas de ressources... Bref, il s'agit d'un investisseur idéal. Thatcher, quant à lui, mord très rapidement à l'hameçon. Après leur première rencontre, ils se revoient plusieurs fois à Londres, pour monter une société de transport en Afrique de l'Ouest et en Afrique centrale. Thatcher affirma, à posteriori, qu'ils n'avaient jamais parlé du coup d'État alors que, selon l'entretien accordé par Ely Calil à *The Daily Mail* [28], Mann et Thatcher décidèrent à ce moment, non sans avoir bu auparavant quelques bons whiskys, de faire des affaires ensemble, ce qui serait très lucratif pour eux deux... Mark Thatcher ne posa aucune question et il n'apprit donc pas que son argent était destiné à des opérations de mercenaires[xxxvii]. Peut-être ne savait-il pas que son argent ne serait pas investi dans un hélicoptère, mais dans un avion de tourisme, qui enverrait Moto au Mali, puis de là à Malabo. Dans tous les cas, nous n'avons pas trouvé d'aveu de ce type lors de nos recherches.

---

[28] 8 juillet 2008.

DEUXIEME ACTE : OU D'AUTRES PAYS SONT AU COURANT DE CE QUI SE TRAME, MAIS N'INTERVIENNENT PAS.

En novembre 2003, Mann demande à son homme de confiance, Greg Wales, de se rendre à Washington pour essayer de cerner la position des États-Unis par rapport à un nouveau gouvernement en Guinée-Équatoriale, si un coup d'État était réalisé. C'est à Washington DC qu'il fait la connaissance de Theresa Whelan, la secrétaire adjointe à la Défense pour l'Afrique : la fonctionnaire du ministère de la Défense qui détient le poste le plus important en ce qui concerne les évènements africains. Lors du Congrès des Opérations Internationales de Paix (AOIP), Whelan soutient une thèse sur le rôle des entreprises militaires privées en Irak et elle affirme que ces professionnels pourraient cacher beaucoup d'informations concernant les intérêts des États-Unis en Afrique, là où « les militaires américains préfèrent ne pas être vus ». À la fin de la thèse, Wales donne rapidement sa carte de visite à Whelan et il lui demande si elle est disponible pour un entretien, afin d'échanger leurs impressions sur un pays où « il se trame quelque chose ». C'est-à-dire, la Guinée-Équatoriale[29].

Wales passe du temps à Washington afin de discuter avec plusieurs entreprises pétrolières actives en Guinée-Équatoriale. Leur parle-t-il du coup d'État ou bien considère-t-il que c'est encore trop tôt ? À posteriori, pendant l'interrogatoire, il nie avoir jamais entendu parler du coup d'État. Mais il connaît trop de suspects. Selon les renseignements dont nous disposons, il logea dans le même hôtel que Severo Moto, sur les îles Canaries, entre le 4 et le 6 mars. De là, Moto devait d'abord partir pour le Mali, pour se rendre ensuite à Malabo (une fois que le coup d'État aurait eu lieu). Les reçus bancaires démontrent également que, quelques jours avant sa première rencontre avec Whelan, il avait reçu 8 000 dollars de son ami Simon Mann, l'instigateur du coup d'État. En janvier 2004, Wales aurait reçu une autre enveloppe de 35 000 dollars, toujours de la part de Mann[30].

---

[29] John Ghazvinian, *Untapped, The Scramble for Africa's Oil*, Orlando, 2007, pages 188-89.
[30] Voir la liste des virements de la société de Mann : *Logo Logistics Ltd.*

Wales rencontre de nouveau Whelan et la discussion amicale se transforme alors en une conversation beaucoup plus sérieuse. Après cette rencontre, Wales a pu confirmer que les États-Unis n'auraient aucune objection par rapport au coup d'État, à partir du moment où il était réalisé correctement[xxxviii]. La date de cette rencontre est assez intéressante : il s'agit du 18 février 2004, seulement quelques heures avant la mise en œuvre du premier plan du coup d'État par Mann et ses mercenaires (même s'il n'a finalement pas été réalisé).

D'après Mann, Ely Calil donna enfin le feu vert pour le coup d'État au mois de novembre, après avoir reçu la confirmation que les Américains et les Espagnols n'y verraient pas d'inconvénients. Mais Calil aurait aussi bien pu savoir d'une autre façon que José María Aznar, le président George Bush et le premier ministre britannique Tony Blair fermeraient les yeux si Malabo perdait son président. Comment aurait-il pu le savoir ? Tout simplement en suivant les préparatifs de la guerre en Irak.

En échange de quoi l'Espagne a-t-elle déclaré la guerre à l'Irak ?

Ce chapitre de l'histoire commence le 22 février 2003, au Texas, dans le ranch Crawford du président américain de l'époque, George Bush. C'est là que sont avancés les arguments en faveur d'une guerre officielle contre l'Irak, dirigé alors par Saddam Hussein. La patience de Bush a atteint ses limites, il faut qu'il déclare la guerre et il va le faire, avec ou sans alliés. Les Britanniques se joignent à eux, et de nombreux autres pays ont déclaré qu'ils ne résisteraient pas (encore) mais qu'ils ne souhaitaient pas (encore) se présenter officiellement comme des alliés des États-Unis. Aznar hésite... Neuf Espagnols sur dix sont contre la guerre en Irak. Des millions d'entre eux ont manifesté leur désaccord face à cette guerre, dans les rues de Madrid. Le premier ministre espagnol va faire son possible pour convaincre l'ONU de prendre une résolution générale, afin que participer à la guerre devienne une obligation pour toute la communauté internationale. Mais les Nations unies n'acceptent pas. De fait, beaucoup trop d'incertitudes demeurent encore : Saddam Hussein possède-t-il vraiment des armes de destruction massive, comme l'affirme Bush ? Représente-t-il réellement un danger pour la paix dans le monde ? Aznar cherche à trouver une solution diplomatique, mais Bush lui, veut une guerre, et tout de suite. Il faut que les autres pays comprennent que les États-Unis ne peuvent pas toujours donner, ils doivent aussi recevoir. Ils ressentent la pression imposée par Bush, pour ne pas dire le chantage. Un exemple : le président américain estime que Vladimir Poutine devrait participer à la guerre, sinon ses relations collatérales seront en danger. De même pour l'Angola, sinon tous les fonds prévus dans le Compte Défi du Millénaire, qui doivent être versés au pays, seront bloqués. Et le Chili ? Selon sa position dans le conflit, l'accord de libre commerce avec les États-Unis pourrait être compromis... La liste est très longue. Et surtout, les services se paient par d'autres services : Bush va utiliser ce principe évident pour mettre Aznar au pied du mur[31].

Finalement, ni l'Angola, ni la Russie, ni le Chili ne soutiendront l'invasion de l'Irak. Mais Aznar lui, soutiendra Bush. Cependant, il affirma, dans le ranch Crawford, être préoccupé par l'optimisme de Bush : « il est inquiétant de soutenir un optimisme qui est fondé sur des croyances, et non sur des faits. ») Une semaine plus tard, sur les Açores, on constate un changement de cap. Le 16 mars 2003, Aznar déclare, en présence de Bush, de Blair et du premier ministre portugais, Jose Durao Barroso, qu'il détachera des troupes pour aller faire la guerre en Irak. Selon certaines sources, Bush aurait convaincu Aznar avec l'argument suivant : le terrorisme doit être combattu de manière internationale. Le monde entier doit lutter, surtout depuis l'attaque du 11 septembre, contre ceux qui menacent de perpétrer des actes terroristes. Les États-Unis n'abandonneront pas avant d'avoir arrêté tous ceux qui représentent une atteinte à la paix, que ce soit en Irak ou dans tout autre pays ayant une attitude terroriste. Peut-être Aznar a-t-il alors pensé : moi, je pense que la Guinée-Équatoriale peut être classée dans ces pays : à sa tête, un terroriste rend la vie impossible à ses sujets. Moi aussi, j'ai le « droit » de l'arrêter, comme d'arrêter l'Irak. D'après lui, les États-Unis pourraient-ils émettre une objection ? Bush et Blair

---

[31] Voir la transcription de l'entretien entre Bush et Aznar à Crawford, le 22 février 2003, page 2. Le texte a d'abord été publié dans *El País*, le 26 septembre 2007.

ont-ils alors acquiescé ? Aznar aurait-il cédé parce qu'il savait qu'à l'avenir, il pourrait compter sur le soutien tacite des États-Unis et du Royaume-Uni ? À Malabo, c'est une certitude. Selon le président Obiang, la partie internationale du complot contre la Guinée-Équatoriale fut décidée aux Açores[32].

Ely Calil, quant à lui, avait sa propre opinion sur le sujet : dans tous les cas, il savait bien que les Américains et les Espagnols lui donnaient, avec leur silence, l'autorisation de réaliser ce coup d'État.

Ely Calil parie (encore) très sérieusement sur Severo Moto.

Reprenons le fil du déroulement de ce coup d'État. Je reviens au mois de novembre 2003. Les évènements financiers suivent leur cours habituel : Mann cherche par tous les moyens des investisseurs potentiels pour obtenir les millions nécessaires à l'opération. Le soutien de Calil, de Moto et de Thatcher ne suffit pas. Le 19 novembre, Simon Mann signe un contrat au nom de *Logo Logistics Ltd.* avec la société *Asian Trading Investment Group SAL*, dans lequel il est précisé qu'Asian Trading prête 5 millions de dollars à *Logo Logistics*. Cet argent est nécessaire pour financer des projets concernant l'évaluation du potentiel minier, de la pêche, du trafic aérien, du charter d'hélicoptères et de projets de sécurité dans les différents pays comme la Guinée-Equatoriale. En cas de doute, il faut ajouter que cette somme provient d'Ely Calil, et qu'elle est destinée à aider Severo Moto dans sa marche vers le pouvoir. Cependant, la signature qui figure à côté *d'Asian Trading* n'est pas vraiment lisible. Sans doute s'agit-il d'Henry Moawad, le président d'*Asian Trading*, puisque la troisième page du contrat est paraphée avec les initiales : HM.

Pendant la semaine du 20 au 28 novembre, diverses transactions sont effectuées. Environ 4 000 $ sont transférés de Logo à Systems Design[xxxix] et 60 000 $ de Systems Design Monaco à Systems Design, à Guernesey. Systems Design Ltd. verse également la somme de 40 000 $ à Du Toit, et Asian Trading transfère 495 975 $ à Logo Ltd[xl].

---

[32] Entretien de l'auteur avec le président Obiang, à Mongomo, le 15 mai 2010.

Autres transactions intéressantes :

- Le 03.11.03 : Logo Ltd. verse 3 942 $ à Gregory J. Wales[xli].

- Le 12.11.03 : Logo Ltd. transfère 3 942 $ à Gregory J. Wales[xlii].

- Le 20.11.2003 : Sys Dgn (HSBC Monaco) verse 60 millions de dollars à Sys DGN RBS Guernesey.

- Le 21.11.03 : Logo Ltd. verse 4 196,41 $ à Systems Design Ltd[xliii].

- Le 25.11.03 : System Designs transfère 40 000 $ à S.N. du Toit sur la First National Bank, par l'intermédiaire de JP Morgan NY (G)[xliv].

- Le 28.11.03 : Asian Trading & Investment Group SA verse 495 975 $ à Systems Design (G)[xlv].

Nick du Toit et Simon Mann peuvent maintenant compter sur le soutien financier de Nigel Morgan, ancien membre des services secrets d'Afrique du Sud : il va lui aussi investir de l'argent dans l'opération. Mann charge ce dernier d'aller vérifier quelle serait la position du gouvernement du Nigeria par rapport au coup d'État. Nous n'avons pas réussi à trouver de réponse à cette question. Morgan prévient Mann que ses anciens chefs sont parfaitement au courant des plans, depuis l'année 2003. Est-ce que les candidats putschistes auraient un peu trop parlé ? Ou bien un espion se serait-il infiltré ? Et si c'était le cas, qui aurait-il informé ? Malgré ces avertissements, Mann décide de ne pas mener d'enquête pour l'instant. Il continue à croire (même si c'est un peu téméraire) à ses propres compétences.

Mann demande à Morgan si Pretoria aurait pu s'opposer à ces plans et s'infiltrer jusqu'en Guinée-Équatoriale. Morgan ne le pense pas, et il va même donner le feu vert à Mann, de la part des services secrets, le 3 mars 2004, c'est-à-dire quelques jours avant le coup d'État. Il aurait également demandé, à ce qu'il paraît, qu'on fasse parvenir au président de l'Afrique du Sud, Mbeki, les coordonnées de Moto, afin de pouvoir le contacter. Mbeki aimerait connaître Moto : Mann espérait sans doute que

Thabo Mbeki n'irait pas parler de ce sujet à ses « amis », pour ainsi dire, de Malabo. Mann était-il sûr de cette supposition ? Et si c'était le cas, comment pouvait-il le savoir ? Est-ce qu'il avait acheté le silence des services d'espionnage en question ? Ce qui est sûr, c'est qu'en 2008, Mbeki renvoie le chef de la *National Intelligence Agency*, Billy Masethla, qui est accusé d'avoir été soudoyé par des mercenaires : en échange de la somme de 250 000 dollars, il aurait accepté de « soutenir les conspirateurs[33] ». Nous n'avons pas pu vérifier quels types de services étaient compris dans ce soutien.

Le 5 décembre 2003, Mann et Du Toit signent un contrat, en tant que représentants, respectivement, des sociétés *Logo Logistics Ltd.* et *Triple Options Trading 610 CC*. Dans cet accord, il est stipulé que Logo investit deux millions de dollars dans *Triple Options Trading 610 CC*. C'est ainsi que des projets (qui ne sont pas mentionnés explicitement) sont mis en œuvre, en particulier dans le secteur de la pêche et de la sécurité en Guinée-Équatoriale[xlvi].

En décembre, d'autres transactions notables sont réalisées. Simon Mann se « verse à lui-même » 400 000 dollars. L'affaire devient de plus en plus sérieuse...

- Le 01.12.2003 : Systems Design Ltd. verse 6 600 $ à Wales[xlvii].

- Le 05.12.03 : Systems Design Ltd. verse 23 237,41 $ Anscad Logistics CC.

- Le 09.12.03 : Systems Design Ltd. transfère 52 030 $ à Du Toit (sur la First National Bank, par l'intermédiaire de JP Morgan NY Guernesey)[xlviii].

- Le 10.12.03 : Asian Trading & Investment Group SA verse 500 000 $ à Systems Design Ltd[xlix].

- Le 12.12.03 : Hermitage Securities verse 150 000 $ à Logo Ltd. (G)[l].

---

[33] Butcher Shop dans *Africa Confidential*, le 28 mars 2008.

- Le 15.12.03 : Asian Trading & Investment Group SA verse 497 500 $ à Systems Design Ltd. (G)[li].

- Le 17.12.03 : Crause Steyl transfère de l'argent (quelle quantité ?) sur le compte de Linde, pour des vols d'entraînement avec l'hélicoptère qui sera utilisé pour le coup d'État[lii].

- Le 17.12.03 : Systems Design Ltd. verse 52 236,35 $ à Anscad Logistics CC[liii].

- Le 17.12.03 : System Designs transfère 67 950 $ à S.N. du Toit sur la First National Bank, par l'intermédiaire de JP Morgan NY (G)[liv].

- Le 19.12.03 : Hermitage Securities verse 150 000 $ à Logo Ltd. (G)[lv].

- Le 19.12.03 : Systems Design Ltd. dépose 232 000 $ sur le compte de CAL, par l'intermédiaire de la Citibank NY (G)[lvi].

- Le 23.12.03 : Chensia Holdings Hubei verse 50 000 $ à Logo Ltd (G)[lvii].

- Le 25.12.03: Mann reçoit des capitaux afin de pouvoir continuer l'organisation des plans. Il investit également 400 000 $ de sa propre poche[lviii].

- Le 29.12.03 : System Designs Ltd. transfère 10 000 $ à S.N. du Toit sur la First National Bank, par l'intermédiaire de JP Morgan NY (G)[lix].

- Le 29.12.03 : la société Systems Design Ltd. verse 19 796,23 $ à J.B. Kershaw sur la Barclays, par l'intermédiaire de la Barclays NY (G)[lx].

- Le 29.12.03 : Systems Design Ltd. transfère 1000 $ à Kershaw Computing[lxi].

- Le 29.12.03 : Systems Design Ltd. transfère 2 000 $ à J.B. Kershaw[lxii].

- Le 29.12.03 : la société Systems Design Ltd. verse 71 000 $ à Triple Option sur la CCEI Bata, par l'intermédiaire de la Harris Bank NY (G)[lxiii].

- Le 29.12.03 : Systems Design Ltd. transfère 150 000 $ à Ambulance Africa[lxiv].

- Le 30.12.03 : Systems Design Ltd. verse 6 600 $ à Gregory J. Wales[lxv].

En décembre, Ely Calil semble lui aussi avoir déposé le capital promis[lxvi].

Du Toit achète alors un bateau, par l'intermédiaire de *Triple Option Trading 610 CC*, la société qu'il avait fondée avec ses associés Armengol et Antonio Javier Nguema Nchama. Ce bateau, qui naviguera depuis l'Afrique du Sud vers la Guinée-Équatoriale, avec le capitaine J.P. Domingo à la barre [lxvii], servira à démontrer que Du Toit a bien l'intention de se lancer sérieusement dans le commerce de la pêche. Apparemment, Du Toit ne semble pas se soucier du fait que son absence d'expérience en termes de sorties en mer pourrait éveiller des soupçons de la part des observateurs officiels de Malabo. Entre-temps, Du Toit propose à Antonio Javier d'investir dans deux avions d'occasion pour effectuer des trajets entre Malabo et les pays voisins. Il s'agit d'un Ilyushin 76, d'Ukraine, et d'un Antonov AN-12, d'Arménie. Javier accepte et c'est l'intermédiaire allemand, Gerhard Merz, qui est chargé de faire l'achat, au nom de Du Toit. Les deux avions arrivent, respectivement, le 8 et le 10 janvier 2004 à Malabo (le IL-76 est vendu assez rapidement, pour ne pas qu'on le retrouve utilisé[34]).

À ce moment-là, il est évident que Du Toit et Mann se sont sérieusement engagés avec leurs partenaires de Guinée-Équatoriale, pour le cas éventuel où, pour quelque raison que ce soit, le projet du coup d'État ne puisse pas, finalement, voir le jour. Est-il possible, comme l'a soutenu l'avocat Henry Page, que Du Toit, ignore encore tout du coup d'État, à cet instant ?[35]

---

[34] Déclaration de Du Toit, le 24 mars 2004 à Malabo.
[35] Déclaration de Harare, point 10, cf. Annexe IV-1.

D'après lui, il aurait été informé des plans au début de l'année 2004. Au départ, il n'était pas sûr de pouvoir participer, justement à cause de ses intérêts commerciaux. Mais de nombreuses autres indications démontrent que Du Toit connaissait depuis bien plus longtemps les plans et que son rôle dans le plan général du coup d'État ne se limitait pas à celui d'un investisseur. Il était, par exemple, responsable de l'achat de tenues de camouflage, de lanternes, de bottes, etc. Ces objets, qui ont été acquis vers le milieu de l'année 2003, auraient pu être utilisés pour d'autres objectifs que celui d'un coup d'État, mais auraient-ils été vraiment utiles pour de la pêche et de l'agriculture ?

Le 23 décembre, Mann se réunit avec le groupe « central ». Mais Wales n'assiste pas à cette réunion et son remplaçant n'est autre que Mark Thatcher. Ils parlent de nouveau du coup d'État, mais également du fait que plusieurs services secrets sont au courant de ces plans[lxviii].

TROISIEME ACTE : OU L'ESPAGNE SE COMPROMET ET D'AUTRES ALLIES SONT IMPLIQUES.

Au début de cette nouvelle année, le 4 janvier 2004, Mann se rend à Madrid pour une réunion avec Calil, Fallaha et Moto. Calil, quant à lui, est reçu par le premier ministre espagnol de l'époque : Aznar. Selon une déclaration ultérieure de Simon Mann, Aznar promet « d'envoyer en Guinée-Équatoriale un détachement de 3000 hommes de la Garde civile espagnole, après le coup d'État, afin de maintenir l'ordre dans le pays.[lxix] » En fin de compte, personne ne sait vraiment à qui faire confiance, dans l'armée ou dans la police. Aznar sait-il quelque chose de plus ? Pense-t-il, par exemple, que le coup d'État devrait être comme une étincelle qui déclenche le feu, ou bien qu'il existe, dans le pays, de nombreux foyers de résistance contre le président Obiang, ce qui lui permet de faire cette promesse avec courage ? Le discours serait à peu près celui-ci : « Si vous provoquez un chaos dans le pays, nous viendrons rétablir l'ordre par la suite. Et le peuple nous remerciera. »

Peu après, une réunion est organisée entre Mann, Linde, Steyl et Du Toit, afin de planifier un vol de répétition vers la Guinée-Équatoriale[lxx]. Le même jour, Mann et Du Toit retrouvent Greg Wales. Malgré ses doutes sur la faisabilité du coup d'État et sur le bon déroulement de ses affaires à Malabo, Du Toit accepte tout de même de participer à la livraison de véhicules de transport, de guides et d'armes, lorsque les mercenaires arriveront à l'aéroport de Malabo[lxxi].

Mann écrit un mémorandum sur les risques possibles d'un coup d'État. Ceci est important puisque l'implication de Thatcher en Afrique du Sud n'est plus un secret[lxxii]. La raison pour laquelle il fait cette analyse est incertaine ; dans tous les cas, cela n'empêche pas Mann de continuer à organiser les plans.

Le 16 janvier 2004, Thatcher signe un contrat avec *Triple A Aviation*, de Crause Steyl, dans lequel il s'engage à investir un maximum de 500 000 $ dans une entreprise de services d'ambulance aérienne[lxxiii]. L'investissement (moins important) sera finalement effectué en deux paiements : l'un de 20 000 $ et l'autre de 255 000$.

Le 17 janvier, Du Toit se rend en Afrique du Sud où il est informé, pour la première fois, du rôle joué par Ely Calil dans les préparatifs[lxxiv]. Est-il toujours le dernier à apprendre les choses ? Et si c'est le cas, pourquoi ? Est-ce que par hasard, Mann, qui est très élitiste, n'aurait pas confiance en Du Toit, l'homme de la rue, quelque peu maladroit ? Sans doute Mann craint surtout que des informations circulent en Guinée-Équatoriale, où finalement Du Toit vit et travaille, alors qu'une indiscrétion en Afrique du Sud, à Londres ou à Madrid serait moins grave.

Une nouvelle réunion a lieu entre Steyl, Mann et Du Toit[lxxv]. Les derniers détails sont mis au point et le jour suivant, Steyl discute avec David Tremain, un co-investisseur, et ils s'échangent leurs numéros de téléphone[lxxvi].

Du Toit sera bien présent cette fois, lors de la réunion suivante, qui se déroulera la troisième semaine de janvier à Johannesburg, avec Mann, Wales et Steyl, dans le but de coordonner la logistique du coup d'État et de définir les mots-clés[36].

Le jour J approche...

En février 2004, Du Toit organise une discussion avec Carlse et Horn, dans une filiale de la chaîne de restauration rapide Wimpy's, à Centurion, Pretoria, pour fixer les détails pratiques du coup d'État. Kershaw, Witherspoon et Mann se rendent également à la réunion. Horn accepte d'y participer[lxxvii].

Les préparatifs du coup d'État se poursuivent et les plans se concrétisent à Johannesburg, où se réunissent encore Mann, Du Toit, Wales et Hart. C'est là que tous les détails concernant l'exécution du coup d'État seront mis au point[lxxviii]. Par contre, en ce qui concerne les armes nécessaires, on attend toujours la confirmation. *La société Military Technical Services Inc.* (dans les îles britanniques de la Madeleine) reçoit, le 10 février, une proposition d'armes et de munitions de *Zimbabwe Defence Industries*, une entreprise semi-gouvernementale, avec laquelle, selon l'expérience de Du Toit, il est facile de conclure des accords. L'objectif spécifique de cet achat n'est pas clairement

---

[36] Cf. Annexe IV-3

mentionné, même si les mots « Congo » et « surveillance » sont répétés plusieurs fois. Pour ne pas réveiller le lion endormi, la Guinée-Équatoriale n'est pas citée. Mann connaît bien la nature des relations entre Mugabe et Obiang, et il craint d'être trahi.

Mutize, Mann (au nom de la société Logo Limited) et Du Toit signent le contrat. Les ZDI ont calculé que la quantité totale avoisinerait les 80 300 $[lxxix]. Sur la facture, il est mentionné très clairement ce que les mercenaires vont percevoir :

Zimbabwe Defence Industries (Pvt.) Ltd..

Telephone: 753579
753380/1/2 773105/9
Telex: 26505 Def Ind ZW
Fax: 263-4-753583
E-mail: zimdef@africaonline.co.zw

10th Floor, Trustee House
55 Samora Machel Avenue
P.O. Box 6597
Harare, Zimbabwe

Ref: ZDI/M6/02/04

10 February 2004

Military Technical Services Incorporated
Harbour House 2nd Floor
Waterfront Drive
Tortola
British Virgin Islands

Dear Sir

RE: **QUOTATION FOR ARMS AND AMMUNITION**

Following your enquiry we are pleased to quote as follows:

	DESCRIPTION	QTY	PRICE US$
a.	Browning Pistol	10	2 000.00
b.	9mm Ammo	500	500.00
c.	AK Rifles 4 in a sp stand.	61	12 200.00
d.	AK Ammo	45 000	13 500.00
e.	PKM LMG	20	12 000.00
f.	PKM AMMO	30 000	9 000.00
g.	RPG 7 Launcher	10	3 000.00
h.	RPG 7 Projectile ATK	100	12 000.00
i.	60mm Mortar	2	5 000.00
j.	60mm Mortar Bomb HE	80	4 000.00
k.	Offensive Hand Grenade	150	4 500.00
l.	Flairs	20 ICARUS	600.00
	TOTAL COST		**US$80 300.00**

Kit 1. 4255 kg
Kit 2 6000 kg
Packs 4800 kg

..../2

Directors : Mr. T.K. Mapusu (chairman), Gen V.G.M. Zvinavashe, Lt. Gen C.G. Chiwenga, Air Marshal P. Shiri.
Mr P. Madara, Mr. J. Mubika, S. Comberbach
General Manager : T.J. Dube.

Les mercenaires pensent-ils pouvoir conquérir facilement le pays avec des armes d'une valeur inférieure à cent mille dollars ? En considérant le peu d'armes dont il dispose, on pourrait penser que Mann n'a aucune idée de l'ampleur de ce qui l'attend, ou bien qu'il est tellement persuadé de pouvoir compter sur le soutien de l'armée et de la police en Guinée-Équatoriale, qu'il estime ne pas avoir besoin de tout un arsenal.

Mann (au nom de Logo Limited) et Du Toit (au nom de MTS) se réunissent le jour suivant pour signer un accord, stipulant que MTS pourra fournir des services de recrutement à Logo. Le contrat mentionne 70 hommes, et pour chacun d'entre eux, MTS perçoit un pourcentage fixe du salaire, ainsi qu'une commission de 5 000 dollars. L'objectif de tout cela est de pouvoir déterminer le salaire mensuel des mercenaires et de justifier, avec plus ou moins de transparence, les voyages, les virements, etc.[lxxx] Mann retrouve Steyl et les trois pilotes qui vont participer au coup d'État : Egeling, Linde et Vermaak[lxxxi].

Wales, Steyl et Tremain se rendent en Afrique du Sud pour rencontrer Mann, Kershaw, Du Toit et Molteno[lxxxii].

La tentative échoue

La première tentative pour attaquer la Guinée-Équatoriale a lieu: c'est un échec. Il ne reste que très peu de temps : les mercenaires souhaitaient agir quelques mois avant les élections en Espagne. De fait, ils étaient convaincus que le coup d'État aiderait le *Parti populaire* d'Aznar, un de leurs alliés non négligeable, à gagner.

Ils étaient pressés. Sans doute trop pressés. Le 17 février 2004, selon des communiqués qui n'ont pas été confirmés, 67 mercenaires quittent l'aéroport civil d'Afrique du Sud, à bord de deux Dakota. Le départ se fait en plein jour, ils sont pris en photo par des fans d'avions et avec les plaques d'immatriculation des avions nettement visibles. Il semblerait qu'ils se rendent quelque part au Congo, après avoir été contrôlés par un groupe de rebelles locaux, pour aller chercher des armes et des munitions achetées au Zimbabwe. Les « agents de la sécurité » que les rebelles de Katanga étaient censés mettre en place (Du Toit avait acheté plusieurs caisses de munitions pour les rebelles) n'entrent pas en scène. Les armes non plus. L'avion de transport Antonov-12, qui devait apporter les armes, aurait été abîmé, à la suite d'une collision avec une bande d'oies. Les mercenaires se rendent donc, toujours en avion, mais à vide, en Zambie, où ils espèrent ne pas avoir de contretemps : l'armée officielle du Congo aurait pu les arrêter... Après une attente de sept heures dans l'aéroport, les 67 hommes retournent en Afrique du Sud, où, selon le journaliste et cameraman britannique James Brabazon, ils vont passer la nuit dans un hôtel bon marché, juste à côté du quartier général des services secrets d'Afrique du Sud, National Intelligence Agency. Dans son rapport émouvant et plein de préjugés par rapport à son amitié avec Du Toit, Brabazon est exaspéré par le manque de professionnalisme de la situation. Le journaliste affirme qu'entre-temps, un membre des services secrets s'était infiltré dans le groupe de Mann (et même que d'autres espions étaient arrivés jusque dans les premiers rangs). De fait, les instigateurs du coup d'État avaient beaucoup parlé de leurs aventures à venir, et dans les bars, beaucoup d'histoires circulaient, à propos des nombreux trésors auxquels ils pourraient bientôt avoir accès... Comme indiqué précédemment, cela faisait bien longtemps que l'opération avait cessé d'être secrète[37].

Brabazon décrit comment Nick du Toit, après cette tentative ratée, perd son intérêt pour le projet de renverser le régime de la Guinée-Équatoriale. Mann s'efforce à tout prix de le convaincre de ne pas abandonner. Il a dû également décevoir son ami Brabazon, à qui il avait promis l'exclusivité du coup d'État. Le journaliste aurait pu les accompagner et enregistrer toute la réussite de l'opération. En d'autres termes, Brabazon aurait fait partie du groupe de mercenaires qui se seraient rendus dans le pays. Mais une mauvaise communication avec Mann l'a empêché de se joindre au groupe au dernier moment. C'est pourquoi il parviendra à sortir de prison et à expliquer son émouvant engagement aux côtés de Nick Du Toit.

---

[37] *The Independent*, le 8 juillet 2008, le même jour que la publication des explications de Calil dans le *The Daily Mail*.

Deux bateaux suspicieux naviguent très près des côtes...

Au moment où les préparatifs du coup d'État vont bon train, en février 2004, la Guinée-Équatoriale est surprise par la présence de deux navires de la marine espagnole, dans ses eaux territoriales : il s'agit du Patino et du Canarias, et ils transportent environ cinq cents hommes à leur bord. Personne n'a vu un tel évènement depuis l'indépendance, en 1968. Les capitaines affirment devoir effectuer quelques manœuvres. Ils ont suffisamment de provisions et de combustible pour tenir environ quarante-cinq jours, c'est-à-dire jusqu'à quelques jours après la date présumée du coup d'État[38].

D'après un chercheur espagnol, les capitaines auraient appris l'opération soixante heures avant leur départ, c'est pourquoi les bateaux se trouvaient en état d'alerte maximale[39].

Mais à ce moment-là, ils ne veulent pas le reconnaître. Selon des sources proches du président, ils changent alors de tactique, et prétendent être dans cette zone pour proposer leur aide, lors d'un éventuel conflit de frontières, entre la Guinée-Équatoriale et le Gabon. La ministre des Affaires étrangères espagnole de l'époque, Ana Palacio, affirme, imperturbable, dans un communiqué de presse, qu'il y a déjà eu des conversations à ce sujet et qu'il s'agit d'une manœuvre commune à l'Espagne et à la Guinée-Équatoriale. Les autorités du Niger, qui ne sont pas rassurées, se renseignent auprès de Malabo, à propos de ces navires de la marine : que font ces bateaux espagnols dans des eaux territoriales étrangères, pendant une période de paix, et sans avoir aucune mission concrète ? Le président Obiang n'en a aucune idée, et il précise n'avoir demandé aucune aide à l'Espagne. La marine espagnole est venue jusqu'ici de sa propre initiative.

Lors d'un entretien avec le président Obiang, en mai 2010, nous comprenons que l'équipage de ces deux bateaux est constitué d'hommes issus de la Légion étrangère. Les militaires de la

---

[38] Edward Burke, *Spain's relations with Equatorial Guinea: a triumph of energy realism?* Dans SFRIDE, en juillet 2008.
[39] Carlos Ruiz Miguel, *El difícil acercamiento de España a Guinea Ecuatorial*. Madrid, 2004.

Légion étrangère sont loin d'être de simples soldats : la plupart d'entre eux sont originaires de Guinée-Équatoriale, et ils ont été recrutés spécialement pour cette mission. La Légion accepte tous ceux qui sont bien formés mais elle ne choisit pas spécifiquement des candidats d'un pays en particulier. Et aujourd'hui, tout d'un coup, c'est ce qui se passe. Obiang en explique la raison, dans sa maison de campagne de Mongomo : « effectivement, si le coup d'État avait eu lieu, l'Espagne aurait pu positionner ses troupes très rapidement, afin de maintenir l'ordre et de défendre les intérêts espagnols. »[40]

Pendant de nombreuses années, Obiang a essayé d'intenter différents procès contre les autorités espagnoles, mais il a toujours obtenu la même réponse : ses plaintes ne sont pas recevables. Non seulement il est absolument persuadé que l'Espagne était au courant des plans, mais il accuse le roi d'Espagne, Juan Carlos I, de complicité, en sa qualité de commandant en chef des forces armées espagnoles. « Une telle manœuvre ne peut être exécutée sans avoir reçu au préalable l'autorisation de personnes très haut placées », explique Obiang, dans un sourire.

Pendant les trois heures de l'entretien, le président reste vraiment très calme. Mais il n'est pas uniquement focalisé sur l'Espagne : il veut aussi poursuivre en justice, avec ses avocats, les hommes politiques et les autres complices qui se trouvent aux États-Unis et au Royaume-Uni, afin qu'ils assument leurs actes (et surtout leur passivité). De sa plaidoirie passionnée, se dégage l'idée que « se rendre » est une expression qui ne fait pas partie de son vocabulaire. Il est vêtu d'une sobre chemise de couleur foncée, d'un pantalon d'été, d'une ceinture bleu clair et de chaussures assorties. De tous ces souvenirs, émane une tranquillité incroyable. Nous sommes dans une sorte de salle des fêtes, avec des sièges en coin et des lumières de discothèque, de différentes couleurs, qui clignotent. Nous buvons de l'eau. Après deux heures de discussion, Obiang se lève pour aller chercher un chapitre qui n'est pas encore vraiment rédigé, de son nouveau livre, celui qu'il écrit à propos du coup d'État. Il y regroupe des

---

[40] Entretien avec l'auteur, le 15 mai 2010.

détails qui figurent également dans les déclarations de Simon Mann, de Nick du Toit et de Mohamed Salaam (qui va bientôt entrer en scène), et il ajoute à ces déclarations des observations et des conclusions personnelles. Il ne comprend toujours pas comment cette poignée d'hommes a imaginé de perpétrer un coup d'État contre lui. Après quelques questions insistantes, il avoue être certain qu'ils ont reçu de l'aide de l'intérieur du pays. Et qu'il s'en serait fallu de peu pour qu'il ne soit plus assis, aujourd'hui, à cet endroit-là. Lorsque nous lui demandons s'il règne sur son pays une menace permanente de coup d'État, il sourit amèrement. Et alors, que se passerait-il ? Qui pourrait bien proposer son aide à la Guinée-Équatoriale ? Le président Obiang hausse les épaules. Il ne le sait pas, et il plaisante sur le fait qu'il peut donc dormir assez tranquillement. Une fois de plus, il nous rappelle combien le monde est hypocrite, surtout en Occident. « Tant de personnes influentes savaient qu'un groupe de mercenaires avaient l'intention de me jouer un mauvais tour, et personne ne m'a prévenu. Ils veulent juste notre pétrole, mais alors, pour le reste, on peut toujours mourir... Finalement, je crois bien que je ne peux plus faire confiance à personne. »

Le *Sunday Herald* partage, dans une certaine mesure, les idées d'Obiang, lorsqu'il publie, le 29 août 2004, la phrase suivante : « Les États-Unis étaient au courant, l'Espagne était au courant, la Grande-Bretagne était au courant. Mais qui était vraiment à l'origine de ce coup d'État ? »

Tandis que la Marine espagnole attend les évènements (et ne se retire pas des eaux territoriales, tant que Malabo n'a pas présenté de plainte officielle à l'ambassadeur de Madrid), les préparatifs des mercenaires ne s'arrêtent pas pour autant.

Les paiements suivants montrent bien qui sont ceux qui ont rejoint la cause au dernier moment (Patrick Garstin, par exemple) et quelles étaient les priorités :

- Le 05.01.04 : Systems Design Ltd. transfère 70 944 $ à Triple Option 610cc[lxxxiii]. D'après Mann, cet argent avait pour but de payer les hommes, la location des avions, et l'essence[lxxxiv].

- Le 06.01.04 : Mann transfère 150 000 $ sur le compte de la société Triple A (Linde), pour la location d'un hélicoptère[lxxxv].

- Le 06.01.04 : la société Systems Design verse 9 358 $ à Sherbourne Fdn, sur la Citibank, par l'intermédiaire de la Harris Bank NY (G)[lxxxvi].

- Le 06.01.04 : Sys Dgn (la société Systems Design) verse 10 000 $ à N.J. Morgan, sur la Barclays, par l'intermédiaire de la Barclays NY (G)[lxxxvii].

- 08.01.2004 : Thatcher verse 20 000 $ à Triple A (Linde) pour la location d'un hélicoptère[lxxxviii].

- Le 09.01.04 : Bristol West Intl Ltd. transfère 49 972 $ à Logo Ltd, sur l'ordre de Musgrave/Mercator (G)[lxxxix].

- Le 13.01.04 : Logo Ltd. verse 50 000 $ à George Spanoyannis (G)[xc].

- Le 13.01.04 : Logo Ltd. transfère 50 000 $ à Triple Option Trading (G), par l'intermédiaire de la Harris Bank NY. D'après Mann, cet argent avait pour but de payer les hommes, la location des avions, et l'essence[xci].

- Le 13.01.04 : Logo Limited. transfère 35 000 $ à la Sherbourne Foundation (G), par l'intermédiaire de la Harris Bank NY.[xcii].

- Le 16.01.04 : Systems Design Ltd. transfère 49 954 $ à Triple Option 610cc[xciii].

- 16.01.04 : Thatcher verse 225 000 $ à Triple A (ou à Linde?) pour la location d'un hélicoptère[xciv].

- Le 21.01.04 : Logo Ltd. verse 50 000 $ à George Spanoyannis (G), par l'intermédiaire de la UBS Stamford CT (G)[xcv].

- Le 21.01.04 : Systems Design Limited transfère 6 600 $ à la Sherbourne Foundation Citibank, par l'intermédiaire de la Harris Bank NY (G)[xcvi].

- Le 22.01.04 : Systems Design Limited transfère 3 500 $ à J.B. Kershaw[xcvii].

- Le 26.01.04 : Patrick Garstin verse 69 969 $ à Logo Limited (Particpation Commerciale) (G)[xcviii].

- Le 27.01.04 : Systems Design Limited transfère 1 600 $ à J.B. Kershaw[xcix].

- Le 28.01.04 : Systems Design Limited transfère 2 148,67 $ à J. Kershaw Computing[c].

- Le 28.01.04 : Systems Design Limited transfère 10 881 $ à Central Asia Logistics par l'intermédiaire de la Citibank NY (G)[ci].

Jusqu'à aujourd'hui, l'Espagne nie avoir été informée de manière officielle. Le gouvernement du socialiste José Luis Rodríguez Zapatero insiste même sur l'innocence de l'Espagne. Pour le chef de l'opposition équato-guinéenne, Plácido Mico, il s'agit d'une affirmation maladroite, et il a d'ailleurs accusé Zapatero de se désintéresser totalement de son pays. « Nous attendons beaucoup plus de la part de l'Espagne, mais ils réagissent comme tous les pays occidentaux et pour eux, l'intérêt pétrolier vient avant celui de la justice. »

Et Moto dans tout ça ? Le gouvernement espagnol commence à être un peu las de ce personnage, au centre de toutes les préoccupations, qui est un peu dérangeant et parfois très maladroit. En 2005, l'asile politique lui est retiré, mais en 2008, la Haute Cour de Madrid le lui accorde de nouveau. Il y a trois ans, toujours en 2008, la police a arrêté Moto, après avoir découvert une voiture remplie d'armes qu'il voulait envoyer, par mer, en Guinée-Équatoriale[41]. Il fut détenu très peu de temps. Qui l'a aidé ? Qui l'a soutenu ? Les autorités espagnoles

---

[41] *El País*, le 9 mai 2008.

affirment ne rien savoir et elles n'ont, semble-t-il, aucun intérêt à découvrir les faits exacts.

L'Espagne reste cohérente dans ses négations, tout comme l'a été, au départ, le Royaume-Uni. Malgré les remarques insistantes de la presse et de l'opposition, le ministre des Affaires étrangères, Jack Straw, a réitéré son ignorance totale sur le sujet. Il assurait ne rien savoir du complot, ni de l'implication de civils britanniques. D'après les propos de Straw, dans *The Observer*, « Nous n'avons aucun élément prouvant que des informations auraient été fournies au gouvernement britannique avant le mois de mai 2004. »

Londres en sait beaucoup plus...

Cependant, le Bureau des Affaires étrangères et du Commonwealth, ou *Foreign Office*, a bien reçu, le 29 janvier 2004, des informations sur le complot, et qui plus est, celles-ci émanaient des services secrets britanniques. Ces informations dévoilaient les préparatifs d'un coup d'État dans ce petit pays pétrolier et elles ont été publiées, fin novembre 2004, dans *The Observer* : Jack Straw reçut même, en novembre ou décembre 2003, des renseignements détaillés sur l'ex-militaire d'Afrique du Sud, Johann Smith, en lien avec les Forces spéciales. Ces informations, ultra-secrètes, contenaient de nombreux détails sur les mercenaires et sur le trafic d'armes avec l'utilisation de bateaux de pêche, dans le golfe de Guinée[42]. Mais Straw ne fut pas le seul à être informé : Chris Mullin, le responsable des questions liées à l'Afrique au sein du *Foreign Office* était également au courant, peut-être seulement à partir du 30 janvier, mais il était informé.

Johann Smith a non seulement envoyé, en novembre ou décembre 2003, des détails concernant le coup d'État, mais il a également, en janvier 2004, communiqué des informations concrètes à des agents des services de sécurité britanniques très haut placés, avec un courriel à leurs adresses personnelles. Il se trouve que l'un d'entre eux n'est autre que Michael Westphal, collègue de Donald Rumsfeld, le ministre de la Défense de

---

[42] *The Observer*, le 28 novembre 2004.

George Bush. Smith, ancien soldat des *Forces spéciales sud-africaines*, est un analyste mondialement reconnu spécialiste de la sécurité, et il travaille ponctuellement pour le président Obiang. Smith, qui laisse traîner ses oreilles partout, affirme, lors d'une déclaration à des avocats du gouvernement de la Guinée-Équatoriale, avoir entendu, en novembre 2003, une conversation entre deux recrues de Nick du Toit, à propos des plans du coup d'État en Guinée-Équatoriale et à Sao Tomé et Principe (mentionné pour la première fois). Ce sont tous deux, comme Du Toit, d'anciens soldats du $32^{\text{ème}}$ bataillon Buffalo et ils effrayent quelque peu Smith, puisqu'il s'agit d'un coup d'État dans un pays qu'il analyse et où il gagne de l'argent. Il prétend avoir informé le président Obiang (qui savait déjà, fin 2003, ce que Mann et les siens manigançaient) et il supposait que les États-Unis et le Royaume-Uni le préviendraient également. Tout compte fait, cela semble être une obligation normale, dans le monde de la politique internationale. Lorsqu'en janvier 2004, Smith entend de nouvelles rumeurs, il envoie d'autres messages un peu plus urgents au SIS de Londres et au Pentagone. Il leur répète qu'il connaît bien le type d'hommes impliqués et qu'ils sont tout à fait capables de mener à bien un coup d'État et même, si nécessaire, deux en même temps (en Guinée-Équatoriale et à Sao Tomé et Principe). La seule mesure décidée par les Américains consiste, par l'intermédiaire du ministère de la Justice, à geler les importantes réserves d'argent qui ont été déposées à la Riggs Bank. Obiang s'emporte, parce qu'il suspecte que « l'ajustement de ces procédures » est en lien avec la validité de sa signature, au cas où le coup d'État aurait lieu. En d'autres termes : les États-Unis pourraient riposter en gelant cet argent destiné à Obiang, qui serait alors utilisé pour le nouveau gouvernement et les mercenaires.

(Smith, qui boîte à cause d'une blessure due à une action militaire en Angola, affirme, après l'échec du coup d'État, avoir été menacé de mort).

Après l'entretien exclusif dans *The Observer*, Straw se souvient « tout à coup » que le 29 janvier 2003, un rapport des services secrets lui est parvenu, à propos d'un éventuel coup d'État en Guinée-Équatoriale. Straw cherche néanmoins à se défendre : «

Nous n'avions alors pas assez de preuves accablantes pour pouvoir prendre les mesures nécessaires. Nous avons reçu ces informations de la part d'un gouvernement ami, c'est pourquoi l'accord consistait à ne pas faire circuler cette nouvelle. » En réponse à cela, Michael Ancram, le spécialiste au sein de l'opposition des Affaires étrangères britanniques envoie une lettre à Straw en lui demandant des informations détaillées sur ce changement de position. À quel gouvernement se réfère-t-il? À quels services ? Pourquoi autant de mensonges ? D'après Ancram, « il est évident que la déclaration de Jack Straw à propos de la Guinée-Équatoriale (la semaine précédente) n'était pas adaptée à la situation, et qu'il s'agissait simplement d'une faible tentative pour détourner les questions portant sur ce que le gouvernement savait des plans du coup d'État et sur les moments exacts où ils ont été informés de ces plans. »

C'est Straw qui a élaboré un plan d'évacuation pour les Britanniques résidant en Guinée-Équatoriale, qui ont reçu le conseil de ne pas quitter leurs maisons de Malabo, entre le 6 et le 8 mars.

Les Britanniques ont également reçu le rapport des Espagnols, comme notre enquête l'a démontré, et, tout comme eux, ils n'ont pas prévenu le gouvernement de Guinée-Équatoriale[cii].

Selon Alex Yearsley, de Global Witness, une organisation internationale de défense des Droits de l'homme : « C'est une attitude à l'odeur de néo-colonialisme, digne de ces grandes puissances, affamées des produits stratégiques de la région. Dans cette région du monde, le pétrole cause beaucoup plus de conflits que les diamants. Il est très clair que la Grande-Bretagne, l'Espagne et les États-Unis en savaient beaucoup plus sur le coup d'État que ce qu'ils voulaient bien reconnaître[43].

---

[43] *The Observer*, le 28 novembre 2004.

Le fait que Jack Straw présente ses excuses à *The Observer* peut être considéré comme une victoire pour le journal. D'autre part, le président Obiang ne peut pas être accusé d'avoir trouvé « étrange » que le gouvernement britannique n'ait accordé ou n'accorde toujours aucune importance à son silence, d'autant plus qu'il y avait de nombreux Britanniques impliqués dans ce coup d'État.

Encore plus de nouveaux personnages anglais

C'est à ce moment-là que le commissaire européen Peter Mandelson entre en scène. Dans le journal *The Guardian*, du 29 novembre 2004, un sondage tente de mesurer à quel point les conservateurs de l'opposition placent le gouvernement de Blair au pied du mur, en utilisant les évènements de Guinée-Équatoriale. Il semblerait que la police secrète de Guinée-Équatoriale et d'Afrique du Sud ait demandé à Mandelson de lui fournir des détails concernant son rôle dans le complot, étant donné que plusieurs mercenaires arrêtés avaient cité son nom. Mais dans le journal britannique, Mandelson nie catégoriquement avoir participé au coup d'État : « Je n'ai jamais eu et n'aurai jamais de contact avec les instances de police étrangères. Elles ne m'ont jamais sollicité pour discuter avec le gouvernement britannique de cette question, et je ne vois absolument pas pourquoi elles m'auraient demandé cela à moi. » Les questions posées à Mandelson portent sur sa solide amitié avec Ely Calil, qui est l'un des investisseurs du complot, comme le savent déjà la plupart des personnes impliquées. Le commissaire européen refuse de préciser quand il a vu Calil pour la dernière fois et il nie avoir parlé avec le Libanais du coup d'État. Les soupçons sur Mandelson naissent vers la mi-novembre, lorsque *The Guardian* publie un rapport rédigé pour une compagnie pétrolière, par le Britannique Nigel Morgan (ancien soldat de la Garde irlandaise et spécialiste des mines, dans la ville du Cap). Morgan, ancien membre du groupe de penseurs conservateurs : *Centre for Policy Studies*, semble être à la fois un très bon ami de Simon Mann et de Mark Thatcher. Pour son rapport, Morgan parle avec Calil, qui déclare ouvertement avoir eu des conversations fréquentes avec Mandelson, à propos, entre autres, de la Guinée-Équatoriale, du président en exil Severo Moto et de Simon Mann. Morgan écrit un peu plus loin que : « Calil affirme que Mandelson lui a promis que le gouvernement britannique ne s'opposerait en rien à un coup d'État. » Mandelson aurait même invité Calil à lui rendre visite à nouveau : « s'il y avait quelque chose à organiser. » The Guardian peut prouver que le rapport se trouve entre les mains du procureur général d'Afrique du Sud. Il est démontré, dans ce rapport, que les instigateurs du coup d'État savaient que l'Afrique du Sud était au courant des plans.

Certains détails seront découverts, de manière inattendue, à Londres : à peine un mois avant le coup d'État, un certain colonel Tim Spicer est convoqué par de hauts fonctionnaires du *Foreign Office*. Il est possible que Spicer en sache beaucoup plus sur le complot, étant donné qu'il connaît très bien Simon Mann et qu'il a de nombreuses activités en Afrique. Des rumeurs circulent, au ministère, sur un éventuel commerce militaire, en lien avec Spicer et Mann. Il s'agit effectivement de la société *Sandline*, qui en 1998 réalisait des trafics d'armes illégalement en Sierra Leone, pour aider le gouvernement officiel de ce pays, en chaos, dans sa lutte contre les rebelles. Malgré l'embargo de l'ONU sur les armes, le *Foreign Office* – d'après ce qui a été publié par les journaux britanniques – a fermé les yeux sur cet approvisionnement en armes. Pendant la conversation, Spicer nie avoir été informé du coup d'État en Guinée-Équatoriale. Il ne sait rien non plus sur le fait que Jack Straw aurait, plus ou moins officiellement, « fermé les yeux » sur ce sujet. Selon *The Observer*, un « bon ami » de Mann a déclaré à un journal, vers le 4 décembre, que tous ceux qui connaissaient Mann savaient bien qu'il n'entreprendrait jamais rien sans avoir reçu au préalable l'autorisation du gouvernement britannique. Ce gouvernement était donc au courant de ce que tramait Mann, et lui a donné le feu vert pour agir.

Ce « bon ami » serait-il Peter Mandelson ? Dans son bestseller, *Le troisième homme*, (2010) rien de tel n'est cité. La Guinée-Équatoriale n'est pas mentionnée, ni les noms de Simon Mann, Ely Calil ou de Mark Thatcher. Ce chapitre de l'histoire s'est complètement effacé de la mémoire de Mandelson.

Pendant ce temps-là, sur la scène du drame qu'est le coup d'État, un nouvel homme apparaît : un *personnage impétueux et controversé*, le célèbre écrivain ultraconservateur, Jeffrey Archer. Archer déclare, par l'intermédiaire de ses avocats, ne rien savoir du coup d'État, ni du financement des entreprises de Mann. Cependant, le 3 mars 2004, quatre jours seulement avant la date prévue pour le coup d'État, il verse 134 980 dollars à *Logo Logistics Limited*, sur la Royal Bank of Scotland International, à St. Peter Port, Guernesey. Du moins, sur le reçu bancaire, figure le nom de celui qui a payé : J.H. Archer. Il s'agit des initiales de son prénom : Jeffrey Howard et de son nom de famille. Ce sont certes également les initiales de son fils, James et les avocats, en Guinée-Équatoriale font référence à lui, même si cela semble « improbable » pour les proches de James Archer[44]. En 2001, James est exclu de La City après avoir été accusé de comportements frauduleux à la Bourse suédoise, lorsqu'il travaillait encore pour la *Credit Suisse First Boston*. Il faisait partie d'un groupe tout récent d'investisseurs, connu sous le nom des *Flaming Ferraris*, mais il fut déclaré « non apte » par les veilleurs boursiers. Le père et le fils Archer sont, évidemment, tous deux de bons amis d'Ely Calil. Jeffrey Archer connaît également Mark Thatcher, même si ce dernier prétend ne « pas avoir parlé pendant dix ans » à ce « fils de »[45]. Henry Page, un des avocats du président Obiang, constate qu'Archer a en fait appelé quatre fois Ely Calil, peu de temps avant la tentative de coup d'État. Page découvre, en outre, que Greg Wales a appelé Marck Thatcher peu avant les évènements. Page déclare, dans le journal *The Guardian*[46] : « Les appels téléphoniques permettent d'établir des liens essentiels entre les conspirateurs, aux environs de la date prévue pour le coup d'État. » Lord Archer refuse d'admettre cela. Dans le journal *The Evening Standard*, il déclare que Calil l'a sans doute appelé deux fois, le 3 janvier 2004, mais que leurs conversations portaient sur des « membres de la famille ». Archer est emprisonné en 2001 pour mensonges et tromperies lors du procès : il soutenait avoir été à Cambridge à ce moment-là[47]. *The Evening Standard* parvient à obtenir la

---

[44] Antony Barnett & Patrick Smith, *Mystery of Archer linked to foul coup*, The Guardian, 5 septembre 2004.
[45] Idem.
[46] 13 octobre 2004.
[47] 12 octobre 2004.

facture de téléphone de Jeffrey Archer et constate que Calil a bien appelé quatre fois, comme indiqué par Page, et non deux fois...

Thatcher assure ne rien savoir des plans du coup d'État. Archer prétend ne pas être au courant mais discute, de temps en temps, avec Calil, par téléphone. Wales affirme ne pas avoir été informé du coup d'État et avoir été injustement accusé de complicité, par Nick du Toit, et « maltraité lors des interrogatoires de Malabo ». Ely Calil soutient n'être au courant de rien et, lors de l'affaire de la Guinée-Équatoriale, à la Haute Cour, il est défendu par Imran Khan, un célèbre avocat de Londres, comme si son honneur avait été outragé. Il n'est pas étonnant que la presse britannique soit de plus en plus friande de ce type d'histoires.

La presse suit la piste sanglante, mais ne trouve toujours rien…

Argent, fric, blé

Après l'échec du coup d'État, les avocats du président Obiang découvrent encore beaucoup d'autres paiements douteux, en rapport avec Mann. Ils cherchent à savoir qui se cache derrière le mystérieux « Hermitage » qui, en décembre 2003, réalisa deux transferts de 150 000 dollars pour Mann. Il n'est pas évident de prouver que les transferts réalisés pour les entreprises appartenant à Mann servent également pour financer le coup d'État. D'autant plus si les autorités ne donnent pas l'autorisation d'interroger les suspects, comme c'est le cas pour Mandelson[48]. La tentative pour poursuivre en justice David Hart échoue également. Cet ancien conseiller du premier ministre britannique Thatcher a été cité dans la lettre interceptée. Comme presque tout le monde, Hart nie son implication dans le coup d'État et il mène une petite vie tranquille, comme trafiquant d'armes et dramaturge, sur un immense terrain de campagne[49].

---

[48] Lorsque le ministre des Affaires étrangères britannique, David Blunkett, est sûr et certain que la peine de mort ne pèsera pas sur les accusés s'ils sont livrés à la Guinée-Équatoriale, il autorise la police à se renseigner sur deux chefs d'entreprise de Londres, en lien avec l'enquête sur les financements du coup d'État. Il s'agit d'Ely Calil et de Greg Wales. Mais aucune preuve accablante ne sera trouvée.

[49] Il s'avère que, par une coïncidence intéressante, Hart, en plus de ses excellents contacts dans le circuit des armes, est aussi un bon ami de l'ancien directeur de la CIA, William Casey, et qu'il

Simon Mann essaye d'obtenir de l'argent de la part d'Ely Calil, afin d'acheter un nouvel avion, mais il n'y parvient pas. Calil lui répond qu'il peut l'acheter lui-même. Mann accepte et il lui demande alors de lui prêter de l'argent. Les deux hommes signent un accord et Mann achète un Boeing 727-35 d'occasion à Dodson Aviation, aux États-Unis, par l'intermédiaire de sa société Logo Logistics Ltd.[50]

Mann et Carlse se rendent par avion à Harare pour rencontrer de nouveau Mutize, le représentant du trafiquant d'armes du Zimbabwe ZDI, et discuter avec lui de l'achat des armes[ciii]. Par la suite, Mann avoue avoir été naïf de penser que le fait de négocier avec ces autorités à Harare, au plus haut niveau, leur assurerait une protection à tout moment[51]. Dans tous les cas, pendant les négociations avec les ZDI, les mercenaires insistent sur l'utilisation de ces armes qui sont destinées aux rebelles du Congo et à la protection des mines de diamants. À aucun moment il n'est question de la Guinée-Équatoriale. Mann prévient Carlse et les autres que les plans ont changé et qu'il souhaite perpétrer le coup d'État avec un seul avion, transportant à la fois les hommes et les armes, en même temps.[civ]. Mann rencontre Steyl et Tremain en Afrique du Sud et ils décident du 6 mars 2004 comme nouvelle date pour le coup d'État[cv]. De nouvelles transactions importantes sont effectuées :

- Le 02.02.04 : Systems Design Limited transfère 50 000 $ à Wenzhou O F Trade Citic, par l'intermédiaire de la Wachovia NY (G)[cvi].

- Le 02.02.04 : Systems Design Limited transfère 2 000 $ à J.B. Kershaw[cvii].

- Le 02.02.04 : Systems Design Limited transfère 1 000 $ à J. Kershaw Computing[cviii].

---

entretient des relations cordiales avec le gouvernement américain.
[50] Déclaration de Simon Mann à Harare du 05/03/2004, point 20 à 24, annexe IV-1. Contrat signé le 3 mars 2003.
[51] Idem, point 18.

- Le 04.02.04 : Systems Design Limited transfère 50 000 $ à la Changsha N M Clothing – Ag Bank, par l'intermédiaire de Amex NY (G)[cix].

- Le 09.02.04 : Logo Limited. transfère 44 877 $ à Murray & Roberts Inte'l ref Triple Option (G, par l'intermédiaire de la NY)[cx].

- Le 09.02.04 : Logo Limited transfère 3 000 $ à J.B. Kershaw[cxi].

- Le 10.02.04 : Logo Limited transfère 2207,52 $ à J. Kershaw Computing[cxii].

- Le 11.02.04 : Logo Limited. transfère 50 000 $ à Chen Meixiang (G, par l'intermédiaire de NY)[cxiii].

- Le 12.02.04 : Logo Limited transfère 30 000 $ à S.N. du Toit T/A MTS sur la First National Bank, par l'intermédiaire de JP Morgan NY (G)[cxiv].

- Le 12.02.04 : Logo Limited. transfère 50 00 $ à Triple Option Trading (G, par l'intermédiaire de la Harris Bank NY). D'après Mann, cet argent avait pour but de payer les hommes, la location des avions, et l'essence pour ces derniers[cxv].

- Le 12.02.04 : Logo Limited. transfère 50 00 $ à Peng Shao Yin op HSBC Sheung Shi, par l'intermédiaire de la HSBC NY.[cxvi].

- Le 12.02.04 : Systems Design Limited transfère 124 600 $ à Central Asia Logistics (G, par l'intermédiaire de la Citibank NY)[cxvii].

- Le 13.02.04 : Logo Limited transfère 2274,93 $ à J. Kershaw Computing[cxviii].

- Le 16.02.04 : Steyl retire 40 000 $ du compte de Kershaw[cxix].

- Le 17.02.04 : Logo Limited transfère 25 000 $ à S.N. du Toit T/A MTS sur la First National Bank, par l'intermédiaire de JP Morgan NY (G)[cxx].

- Le 17.02.04 : Logo Limited verse 49 954 $ à Triple Option Trading 610 CC[cxxi].

- Le 17.02.04 : Logo Limited transfère 240 000 $ à S. Abdinor Via Dexia Banque Lux, par l'intermédiaire de Amex NY (G)[cxxii].

- Le 17.02.04 : Logo Limited transfère 12 415,22 $ à J. Kershaw Computingc[xxiii].

- Le 25.02.04 : Steyl verse 100 000 $ à Mann pour les avions[cxxiv].

Au début du mois de mars 2004, Mann dîne avec Nigel Morgan, qui le prévient que les autorités d'Afrique du Sud sont parfaitement au courant des plans du coup d'État et qu'elles ont donné leur « accord ». À la suite de cette conversation, Mann appelle Calil pour lui transmettre ces informations. Calil lui répond tout naturellement que l'Afrique du Sud a même déjà discuté avec Moto[cxxv].

(Selon les chercheurs du Ministère public de la Guinée-Équatoriale, Thatcher et Mann ont eu des conversations téléphoniques fréquentes dans les jours précédents le coup d'État[cxxvi].)

Les civils américains résidant en Guinée-Équatoriale sont prévenus discrètement par les autorités américaines de l'imminence d'un coup d'État et on leur conseille fortement de ne pas quitter leurs maisons les 6 et 7 mars (par la suite, le ministère des Affaires étrangères, à Washington, a déclaré ne rien savoir à ce sujet). Naturellement, Malabo considère cela comme une preuve que le ministère des Affaires étrangères à Washington était au courant et qu'il était donc le second organe officiel, avec le Pentagone, à savoir qu'un coup d'État se préparait.

De même, les Britanniques résidant à Malabo ont aussi été prévenus, comme je l'ai déjà mentionné plus haut (mais les autorités britanniques refusent également d'admettre qu'elles étaient au courant).

QUATRIEME ACTE : OU LES MERCENAIRES TOMBENT DANS LEUR PROPRE PIEGE.

L'opération destinée à renverser le président de la Guinée-Équatoriale commence enfin, pendant la première semaine de mars.

Du Toit, Augusto, Cardoso et Domínguez arrivent à Malabo[cxxvii]. Le même jour, Severo Moto se rend à Grande Canarie[cxxviii], où il réside dans un hôtel avec Greg Wales et David Tremain. Le jour J, il prendra un avion de Grande Canarie pour le Mali, puis, enfin, pour Malabo. Le contexte d'une révolte spontanée doit quand même être mis en scène : un bref conflit surgira à Malabo, après quoi le nouveau président pourra alors arriver triomphalement en avion. De nouvelles transactions bancaires sont effectuées début mars :

Transactions du mois de mars :

- Le 01.03.04 : Logo Limited transfère 235 000 $ à S. Abdinor Via Dexia Banque Lux, par l'intermédiaire de Amex NY (G)[cxxix].

- Le 02.03.04 : triple A Aviation verse 100 000 $ à Logo Limited (G)[cxxx].

- Le 02.03.04 : Logo Limited transfère 50 000 $ à Triple Option Trading, par l'intermédiaire de Wachovia NY (G)[cxxxi].

- Le 02.03.04 : Logo Limited transfère 400 000 $ à Triple AIC Title Svc, sur la banque de Okla, par l'intermédiaire de Wachovia NY (G)[cxxxii]. Autres instructions : Sherbourne.

- Le 02.03.04 : Logo Limited transfère 2 000 $ à J.B. Kershaw[cxxxiii].

- Le 02.03.04 : Logo Limited transfère 1000 $ à J. Kershaw Computing[cxxxiv].

- Le 02.03.04 : Logo Limited transfère 2 778 $ à Cal Central Asian Logistics[cxxxv].

- Le 03.03.04 : Logo Limited verse 7 481,09 $ à Systems Design Limited[cxxxvi].

- Le 03.03.04 : Logo Limited verse 4 000 $ à Systems Design Limited.

- Le 03.03.04 : J.H. Archer Esq verse 134 980 $ à Logo Limited (G)[cxxxvii].

- Le 04.03.04 : Logo Limited. transfère 50 000 $ à Investec Bank ref FFC Aeronautic, par l'intermédiaire de Wachovia NY.[cxxxviii].

- Le 05.03.04 : Logo Limited transfère 1504,32 $ à J. Kershaw Computing[cxxxix].

- Le 08.03.04 : Logo Limited transfère 3 000 $ à J.B. Kershaw[cxl].

Le Boeing 727 que Mann a acheté d'occasion à une entreprise texane aux États-Unis pour 275 000 dollars[52] atterrit début mars en Afrique du Sud. Mann et Carlse arrivent au même moment à Harare, afin de conclure les accords concernant les armes et les munitions avec ZDI. Les transactions se déroulent dans la précipitation, mais sans problèmes. Les armes seront stockées dans un hangar de l'aéroport de Harare, en attendant l'arrivée des mercenaires. D'après ces hommes du Zimbabwe, la discrétion est assurée. Mann sera chargé de surveiller que les armes soient bien acheminées dans l'avion et transportées à bord, avec les hommes, jusqu'à Malabo[cxli]. Mann déclare qu'il y a deux plans différents, mais que ces hommes ne connaissent que le second. Dans le plan A, une révolution éclate dans le palais présidentiel, au moment où les mercenaires sont en route pour Malabo, dans leur avion. Sur le tarmac de l'aéroport, ils « serrent les mains » des nouveaux dirigeants du pays et les armes restent alors dans leurs caisses. Severo Moto peut ainsi atterrir et tout est bien qui finit bien : l'aventure se termine dans la paix et l'harmonie. Dans le plan B, place à l'action : les hommes

---

[52] Acheter l'avion dans une entreprise américaine a permis de contourner les lois antiterroristes en vigueur du 9 septembre 2001.

pourront utiliser les armes, et bien sûr faire preuve de violence pour vaincre le président. Les mercenaires se basent sur ce plan, sans doute d'après les ordres d'Ely Calil, qui sait mieux que personne qui sont les partisans du plan A et qui préfère ne pas ébruiter ce plan, craignant d'éventuelles dénonciations. Personne ne sait mieux que Calil que les *« alliés » sur place*, en Guinée-Équatoriale, sont très fragiles[53].

Le 7 mars, le Boeing 727 vient chercher les mercenaires à Pretoria et se rend à Harare. Il y fera escale, pour se ravitailler dans la zone civile de l'aéroport puis il se dirigera vers la partie militaire de l'aéroport, pour récupérer les armes et les munitions[cxlii]. Le pilote prétend ne transporter que trois hommes à bord, mais les services secrets d'Afrique du Sud ont prévenu leurs homologues du Zimbabwe. Le pilote Neil Steyl reçoit l'ordre de se diriger vers une zone spécifique, indiquée par la tour de contrôle. Lorsque l'appareil est garé d'un côté de l'aéroport, la police commence son inspection. Il n'y a pas trois hommes à bord, mais soixante-sept[54] et la police les arrête triomphalement. Peu après, Simon Mann est lui aussi arrêté dans le hangar où il attendait les armes[cxliii]. Vers onze heures du soir, Mann peut passer quelques coups de fils pour communiquer le message suivant : échec du coup d'État ![cxliv]

Dans l'avion inspecté à Harare, la police trouve, outre les hommes, de nombreuses chemises, vestes, combinaisons, bottes, lanternes, ciseaux pour couper des barbelés, piles et beaucoup d'autres outils nécessaires pour une attaque nocturne[55].

Dans sa déclaration du 24 mars 2004, Nick du Toit affirme avoir acheté ces objets entre le mois de mai et le mois de juin 2003, à Dries Hanekam, de la société : *ANSCAD Logistics Supply*, à Pretoria[56].

---

[53] On ne sait pas avec certitude si Moto connaissait le plan A.
[54] Cf. Annexe IV-6
[55] Cf. Annexe IV-5
[56] Déclaration de Simon Mann à Harare du 3 mai 2004, point 27, Annexe IV-1.

CINQUIEME ACTE : OU SIMON MANN, NICK DU TOIT ET LES AUTRES MERCENAIRES SONT CONDAMNES.

Finalement, l'issue de cette affaire ne surprendra que très peu de personnes : trop de bavardages au téléphone et dans les bars, un groupe de mercenaires dont la composition n'est pas très logique, des contrats trop visibles... Mann s'est finalement fait piéger, à cause d'une surestimation de ses propres compétences et d'une sous-estimation d'une information, à propos du coup d'État, des autorités dans les pays impliqués. Nick du Toit avait, d'une certaine manière, un peu plus anticipé cette situation mais était fou furieux, le jour de son arrestation, avec ses amis, le 8 mars, à Malabo. Lors d'un entretien de l'auteur avec le procureur général de l'époque, le général José Olo Obono[57], ce dernier avoue que les autorités avaient déjà des soupçons depuis longtemps. Pourquoi le bateau de l'entreprise ne sort-il jamais pour pêcher ? Comment les chefs de l'entreprise peuvent-ils gagner leur vie ? Ils ne pêchent rien du tout, n'ont pas de garde-côte et ont pourtant effectué d'importantes opérations pécuniaires, sans qu'il y ait aucune activité commerciale... D'après Olo Obono, ça saute aux yeux !

Mais quel était le rôle du Zimbabwe dans tout ça ? Les ZDI, en tant qu'organisation liée aux autorités du Zimbabwe, avaient été chargées par le gouvernement d'agir dans cette affaire. Le président, Robert Mugabe, un ami d'Obiang, fut au courant du complot mais il n'arrêta pas tout de suite les mercenaires. Il est possible qu'il ait souhaité se faire valoir en les arrêtant à Harare, comme s'ils étaient de paisibles agneaux.... Et de cette manière, il pouvait ridiculiser les Britanniques, puisque c'est l'une de ses occupations préférées. Outre le Royaume-Uni, l'Espagne, les États-Unis et l'Afrique du Sud, il y avait donc encore au moins un autre pays au courant du complot. Mais ce bon ami était de mèche avec Obiang.

---

[57] Malabo, le 16 mai 2010.

Pendant ce temps, Severo Moto s'était rendu en avion de Grande Canarie au Mali. Il était accompagné de David Tremain, d'Alex Molteno, de Greg Wales et de Crause Steyl, qui pilotait le King Air B 200 (financé en partie par Mark Thatcher, comme nous le démontrerons plus loin), enregistré en Afrique du Sud sous le numéro : ZS-NBJ. Lorsqu'il apprend que le coup d'État a échoué, il retourne à Grande Canarie, et là, il est interrogé dans l'aéroport par les autorités locales. Cependant, il n'est pas arrêté, puisqu'ils n'ont aucune idée des plans de Moto. Ce qui est plutôt étonnant vu qu'un sénateur à l'époque, Juan José Laborda, se souvient très bien que : « Moto racontait à qui voulait l'entendre qu'il retournerait très bientôt en Guinée-Équatoriale. Au début, il parlait de rentrer en bateau, puis en avion. »[58] D'autres hommes politiques se sont souvenus également que Moto se vantait d'avoir de bonnes opportunités et perspectives. Moto semblait être convaincu qu'il avait suffisamment d'amis en Espagne pour pouvoir parler librement.

Lorsque Simon Mann « raconte »...

Le 5 mars 2004, Mann fait une déclaration sous serment (sworn statement[59]) dans la prison centrale de Harare[cxlv]. Quatre pages dactylographiées plus ou moins de souvenirs vagues, à partir du voyage avec Greg Wales et Gary Hersham au Gabon, en passant par la première rencontre avec Ely Calil, et jusqu'au moment où il nie avoir eu des relations avec les services secrets d'Afrique du Sud, des États-Unis, du Royaume-Uni ou du Zimbabwe[60]. Grâce à notre enquête, nous savons que l'équipe de Mann avait pourtant bien entretenu des relations avec les services secrets, du moins avec ceux de l'Afrique du Sud, de la Grande-Bretagne et des États-Unis. Mann aurait-il menti dans sa déclaration ? A-t-il fait cette déclaration sous pression, ou même sous la torture, comme insinué par certaines personnes impliquées dans l'affaire (Ely Calil) et par des enquêteurs plus ou moins bien informés (comme Adam Roberts, l'auteur de *The Wonga Coup*) ? Seul Mann détient la vraie réponse...

---

[58] *The Guardian*, le 27 août 2004.
[59] Cf. Annexe IV-1
[60] Cf. Annexe IV-6

Mann affirme, dans sa déclaration de Harare (au point 40), avoir bien compris que le premier ministre espagnol, Aznar, avait reçu trois fois Moto, et lui avait assuré qu'il pourrait disposer de « trois mille hommes de la Garde civile, afin d'aider la Guinée-Équatoriale, lorsque Moto serait au pouvoir. » Dans le point suivant de sa déclaration, Mann est persuadé que : « l'Espagne refusera catégoriquement d'admettre ces faits. »

Le 15 mars 2004, Mann signe une « Déclaration de Recommandations et de Précautions » (Warned and Cautioned Statement)[cxlvi]. Le reste des personnes impliquées devront elles aussi rendre des comptes à la justice du Zimbabwe et de l'Afrique du Sud. Parmi elles, James Kershaw, le comptable de Mann : sa déclaration à la police de l'Afrique du Sud est telle qu'on peut en déduire qu'il bénéficie d'une protection officielle : les autorités craignent pour sa vie. D'après un communiqué que l'on ne peut pas vérifier, c'est sur Wikipedia que *The Guardian* trouve la liste des noms des complices « trahis » par Kershaw. C'est à ce moment-là qu'entre en scène, à Harare le responsable marketing des ZDI, Hope Mutize. Il apporte des éléments pertinents : en février 2004, Mann aurait fait un dépôt de 180 000 dollars, en vue de contrats d'armes. Avec cette « preuve », Mann est définitivement lié au coup d'État, au cas où cela n'était pas encore évident, et à Nick du Toit, également cité par Mutize. Les avocats de Mann assurent, à posteriori, que Mann avait conclu les accords en question avec ZDI, par l'intermédiaire du directeur général, Tshinga Dube. Mais peu importe : en fin de compte, cet accord est, selon toute probabilité, un coup monté et Mann et Du Toit sont tombés dans le piège (puisque les services secrets sud-africains étaient au courant de l'achat des armes et en avaient informé les services secrets du Zimbabwe). Aucun Zimbabwéen n'a été arrêté pour « complicité ».

Le 6 avril, l'avocat du président Obiang, Henry Page, vient s'entretenir avec Simon Mann dans sa prison du Zimbabwe. Le ministre de l'Intérieur du Zimbabwe et le procureur général (Attorney General) sont également présents lors de cette conversation[cxlvii]. Simon Mann représente une attraction pour la presse à scandales, mais il est également, pour les autorités du Zimbabwe, un bon exemple de l'infiltration étrangère dans les conflits au sein des pays africains. Il est déjà évident, à ce moment-là, que cet homme, Simon Mann, formé par des élites prestigieuses, était à la tête d'un groupe indépendant, mais que le coup d'État a été encouragé, d'après les Africains, par d'arrogants observateurs à Londres, à Madrid et à Washington. Mann doit être traité avec soin et, dans la mesure du possible, selon les autorités de Harare, il faut utiliser son image dans la presse, d'une manière adaptée.

Les avocats et le juge font pression sur la banque de Mann, à Guernesey, la Royal Bank of Scotland International, pour qu'elle fournisse certaines informations sur System Design Limited et sur Logo Logistics Limited.

Le 27 juillet, soixante-six complices de Mann, arrêtés le 7 mars, se déclarent coupables d'une série d'accusations mineures, comme l'immigration illégale et des crimes d'aviation. Ces hommes, y compris les deux pilotes, sont condamnés respectivement à 12 et 16 mois de prison.

Lors d'une deuxième déclaration officielle, le 8 juillet 2004, Mann se déclare coupable de l'achat illégal (sans licence) d'armes dangereuses[cxlviii]. Le 11 septembre 2004, Simon Mann est condamné à sept ans de prison (par la suite réduits à quatre ans). Ce qu'il ne sait pas encore, c'est que le président Mugabe va le livrer aux autorités de Guinée-Équatoriale, et qu'elles le condamneront à une peine beaucoup plus cruelle. Est-ce que cela avait été décidé avant ? Encore une question, parmi tant d'autres, qui restera sans réponse.

Lorsque Simon Mann se met à écrire...

Désespéré, dans sa cellule pénitentiaire de la prison de Chikurubi, Mann parvient à envoyer une lettre à son épouse, Amanda, dans laquelle il la supplie de l'aider. Nous le savons grâce aux services secrets d'Afrique du Sud, qui ont intercepté la lettre. Celle-ci commence ainsi : *« Nous sommes dans une mauvaise situation, c'est très URGENT »*. Dans sa lettre, Mann affirme avoir besoin d'argent pour sortir de prison en soudoyant les gardiens et il parle de Smelly et de Scratcher, les surnoms d'Ely Calil et de Sir Mark Thatcher. Il s'agit de ses amis les plus fortunés, les deux seuls qui puissent lui apporter de l'argent. Calil, surnommé Smelly, possède un capital estimé à 100 millions de livres sterling, il est « plein aux as »[61]. Thatcher, quant à lui, a été surnommé Scratcher à Eton, parce qu'il avait de l'eczéma et se grattait souvent. Mann espérait que ces amis, si riches, pourraient lui envoyer « une grande quantité de wonga » jargon anglais qui signifie « une tonne de blé » : beaucoup, beaucoup d'argent[62]. Mann se plaint que les investisseurs n'avaient pas envisagé un échec et que : « maintenant qu'il pleut, ils ont fermé le parapluie. » Et il ajoute : « *Aujourd'hui, les temps sont durs et chacun doit apporter sa p** de contribution. On a besoin d'hommes avec du charisme, de l'influence, comme Smelly, Scratcher ou David Hart et on en a besoin maintenant. Pour une fois qu'on avait réussi à monter un vrai scénario qui marchait bien et ils ont tout fait f***[63]. » Mann sent qu'il peut acheter sa liberté, et peut-être celle de ses hommes, simplement en soudoyant les fonctionnaires de la prison (ou bien vise-t-il des personnes plus haut placées ?) Mais pour cela, il faut agir avant que la Cour d'Appel ne dicte sa sentence, parce que si la condamnation est définitive, il ne pourra plus se libérer... Outre Thatcher et Calil, Mann cite aussi David Hart, le conseiller non officiel de Margaret Thatcher pendant la célèbre grève des mineurs, qui fut par la suite conseiller spécial également de Michael Portillo et de Malcolm Rifkind, dans les gouvernements consécutifs conservateurs. Mann a des relations dans les cercles les plus importants, mais l'argent n'arrive pas. C'est pourquoi il termine son appel au secours par la phrase suivante : « *De toute façon*, (un autre contact) *devait aussi investir des fonds, de la part de Scratcher, dans le projet de Logo* (une des sociétés de Mann). *Si cela n'est pas suffisant, il va falloir que les investisseurs actuels apportent plus d'argent.* » C'est une insinuation très claire, qui rappelle à Thatcher qu'il devait encore investir 200 000 dollars, et c'est la « preuve » qu'ils se connaissaient. Et qu'ils « se connaissaient très bien » insiste Sir Tim Bell, le conseiller de Mark Thatcher et l'ancien conseiller en relations publiques de Margaret Thatcher. « Ce sont tous les

---

[61] Smelly, the missing essence in a coup plot, *The Sunday Times*, 12 mai 2005.
[62] Le mot "wonga" était si souvent utilisé par la presse britannique qu'il a inspiré le titre du livre *The Wonga Coup*, publié en 2006.
[63] Citation de Ghazvinian, page 190.

deux de bons amis, depuis très longtemps[64]. » Par la suite, Greg Wales fournit volontairement plus de détails à la police : « Simon et Mark avaient déjà fait des affaires ensemble, dans les mines, les avions et les combustibles. Si la police avait bien cherché, elle aurait pu trouver des preuves de cela[65]. »

La presse britannique utilise cette lettre pour tenter de reconstruire de nouveau l'histoire du coup d'État. Mann, le sauvage civilisé, l'aventurier, se retrouve emprisonné dans sa sombre cellule, au milieu de l'Afrique noire. L'implication d'autres personnes connues, le romantisme et le désespoir de sa lettre interceptée, que d'appâts pour la presse à scandales ! Mais la lettre saisie aggrave la situation de Mann : non seulement Thatcher, mais aussi Ely Calil sont maintenant clairement coupables de complicité. Calil ne fait aucun commentaire sur son rôle exact dans l'aventure, jusqu'à l'entretien déjà mentionné pour *The Daily Telegraph*, en juillet 2008. Lorsqu'enfin il parle, il avoue éprouver de la sympathie pour Severo Moto et lui apporter son soutien, mais il prétend ne rien savoir d'un violent coup d'État. D'après lui, il ne s'agit en aucun cas d'un complot international contre la Guinée-Équatoriale, et le scénario Moto, avec la révolte spontanée, n'existe pas, mais il invente un troisième scénario, dans lequel un Simon Mann cupide et égocentrique dirige l'action pour son propre compte, et commet trop d'imprudences[66]. D'après lui, ce n'était pas un plan bien organisé mais tout le contraire : un projet pas très précis, pour renverser le gouvernement de Malabo, mais sans la collaboration d'instigateurs ou d'investisseurs impliqués directement, comme lui-même ou Thatcher. La théorie du complot international serait née à Malabo, par la suite, pour attirer l'attention du monde entier et pour se lamenter en prenant le rôle d'un chien battu. Les mercenaires étaient uniquement intéressés par l'argent et après les deux tentatives infructueuses, leur confiance dans le scénario précédent avait fait place, pour Mann si impatient, à une stupide initiative de son propre compte.

---

[64] *The Observer*, 26 août 2004.
[65] Idem.
[66] *The Daily Telegraph*, 8 juillet 2008.

Pendant ce temps, d'autres transactions, liées au coup d'État, sont encore effectuées. On ne sait pas très bien comment ils ont pu mettre en place ces transactions. Est-ce que Mann avait un homme de confiance, autorisé à gérer ses comptes bancaires ? Ou bien ces transactions étaient-elles programmées avant le coup d'État ?

En septembre, novembre et décembre 2004, on constate les paiements suivants, en lien avec le coup d'État :

- Le 01.10.04 : Logo Limited transfère 50 000 $ à S.N. du Toit T/A MTS sur la First National Bank, par l'intermédiaire de JP Morgan NY[cxlix].

- Le 06.10.04 : Logo Ltd. transfère 2 391 $ à Gregory J. Wales[cl].

- Le 03.11.04 : Logo Limited transfère 2 391 $ à Gregory J. Wales[cli].

- Le 12.11.04 : Logo Limited transfère 2 391 $ à Gregory J. Wales[clii].

- Asian Trading & Investment Group SA versent 500 000 $ à Systems Design Limited[cliii].

- Systems Design Limited transfère 19 769,23 $ à J.B. Kershaw[cliv].

- Systems Design Limited transfère 2 000 $ à J.B. Kershaw[clv].

- Systems Design Limited transfère 1 000 $ à J. Kershaw Computing[clvi].

- Systems Design Limited verse 150 000 $ à Ambulance Air Africa sur la Std Bank, par l'intermédiaire de la Std NY (G)[clvii].

- Systems Design Ltd. verse 6 600 $ à Gregory J. Wales[clviii].

Le 9 décembre 2004, Mann signe une déclaration dans laquelle il nie avoir participé à l'intrigue du coup d'État[clix].

Le 3 juillet 2005, Mann signe une deuxième déclaration sous serment (deuxième acte notarié)[clx].

En mai 2007, il retrouve sa liberté pour peu de temps, puisqu'il est tout de suite arrêté de nouveau. Le même mois, le tribunal de Harare décide de livrer Mann à la Guinée-Équatoriale[clxi]. Ses avocats, Jonathan Samkange en tête, font appel.

Du Toit face au juge

En août 2004, c'est le début des jugements contre Nick du Toit et ses quatorze complices étrangers. Parmi eux, six Arméniens, sept Sud-Africains et un Allemand. Cinq suspects locaux sont également arrêtés. L'équipe « centrale » autour de Du Toit, avec George Núñez Alerson, Martinus (Bones) Boonazier, Sergio Patricion Cardoso et Jose Passocas Domingos est la première à être réveillée par les unités militaires. Gerhard Merz, l'allemand, expert en avions et partenaire de Du Toit, meurt en détention préventive. Selon Amnesty International, sa mort a lieu dans des conditions douteuses. Les autorités pénitentiaires ont déclaré une mort à la suite de maladies, probablement d'un diabète non traité, mais des rumeurs circulent sur d'éventuelles tortures...

Le procès se déroule dans un tribunal spécialement construit à cet effet, et le corps diplomatique ainsi que la presse internationale sont autorisés à y assister. La Guinée-Équatoriale ne veut courir aucun risque et le procureur général demande de l'aide à des avocats américains[67] afin que le procès soit réalisé dans les règles. Le monde entier doit savoir que la Guinée-Équatoriale est un pays respectable, et que ses avocats et ses juges sont des professionnels.

Le 24 mars, Du Toit signe une déclaration, face à l'avocat du président Obiang, Henry Page, dans laquelle il avoue qu'il connaissait, même avant la tentative de coup d'État, tous les hommes arrêtés à Harare et impliqués dans l'affaire. Après l'arrestation de Mark Thatcher, le 25 août dans la ville du Cap, le procès est suspendu pendant un mois, en attendant que Thatcher apporte de nouvelles informations. Le président Obiang donne

---

[67] McDermott Will & Emery LLP de Washington DC.

alors une conférence de presse et déclare : « Nous sommes face à des hommes sans morale, qui ont essayé de commettre un crime contre notre pays. Ce crime aurait entraîné beaucoup de sang versé[68]. »

Le fils de est arrêté

Le 25 août, Mark Thatcher est arrêté alors qu'il est encore en pyjama, dans la ville du Cap[69], pour son implication supposée dans le coup d'État. Les autorités sud-africaines s'inquiètent en voyant apparaître le pseudonyme de Thatcher, Scratcher, dans la lettre écrite par Mann et interceptée, dans la prison de Harare. L'accusation précise qu'il y a eu une « violation de la loi anti-mercenaires[clxii] », en vigueur en Afrique du Sud depuis quelques années. Après une conversation intime avec Margaret, sa mère, Mark avoue, afin d'éviter des poursuites judiciaires supplémentaires (et pour éviter d'entacher le nom de Thatcher). Il est condamné à 4 ans de prison avec sursis et à une amende de 400 000 dollars[clxiii]. C'est ainsi qu'il devient le premier investisseur à avouer son implication dans le complot, même s'il ne se déclare pas coupable. Cela ne surprend personne que Mark Thatcher s'en soit relativement bien sorti : le premier ministre britannique Thatcher a beaucoup d'influence, et elle parvient à obtenir un accord avec la direction des Special Operations, le département de police, appelé « Scorpions », en charge de l'enquête. D'un autre côté, la solidarité de Thabo Mbeki avec ses amis de Guinée-Équatoriale est finalement moins importante que celle de Londres. Les avocats de Mann et ses proches à Harare sont furieux de voir tant de favoritisme politique et tant de clémence[70]. Mais ils ne peuvent rien y faire, et Mark Thatcher s'envole, coupable mais libre, pour retrouver sa famille au Texas.

Jusqu'à aujourd'hui, Thatcher a toujours nié catégoriquement avoir financé de son plein gré un coup d'État, ou avoir su avec exactitude les actions qui étaient prévues avec l'hélicoptère loué

---

[68] *The Observer*, 2 septembre 2004.
[69] Jean Dominique Geslin, *Le curieux business de monsieur Thatcher*, dans *Jeune Afrique*, le 30 juillet 2004.
[70] Jean-Dominique Geslin & Vincent Fournier, *Mark Thatcher, aveux calculés*, dans *Jeune Afrique*, le 17 janvier 2005.

(en réalité, il a financé un avion King Air). Cependant, il avoue avoir versé 275 000 dollars sur le compte du pilote Crause Steyl, pour payer la location de « l'héli-ambulance » Alouette, et il avoue également être un bon ami de Simon Mann. Mais malgré la décision de la justice, Thatcher n'est toujours pas tranquille : on peut s'en douter en constatant la vente de sa maison de Constantia, pour 2,7 millions d'euros, et celle de ses quatre voitures de sport. Les enquêteurs de Malabo estiment que voilà la preuve que Thatcher voulait s'enfuir malgré les affirmations qu'il n'avait commis aucun délit...

Déjà bien avant son implication dans le coup d'État de la Guinée-Équatoriale, Thatcher était connu pour sa réputation d'oiseau de malheur : il recherche de nouveaux défis qui, bien souvent, ne sont pas du tout adaptés à sa personnalité. En essayant de vivre une vie d'aventures, il se heurte parfois à divers problèmes. Lorsque sa mère devient premier ministre, en 1979, sa situation ne s'améliore pas. En sa qualité de « fils de », il essaye d'agir comme intermédiaire, dans la signature d'un accord entre Oman et un grand constructeur britannique, à qui le projet est finalement attribué. Il en résulte que Thatcher, maladroit, est démasqué dans son rôle de négociateur frauduleux, opportuniste et ayant bénéficié d'informations au préalable. En 1986, lors d'une transaction d'achat d'armes entre British Aerospace et le gouvernement d'Arabie Saoudite, il est soupçonné d'avoir accepté des pots-de-vin, d'une valeur de trente milliards de dollars, dans le cadre du contrat al-Yamamah. Thatcher aurait reçu une commission de 15 millions de dollars. « Mark serait capable de vendre du sable à des Arabes ou de la neige à des Esquimaux », racontait Margaret à propos de son fils, dont la fortune est estimée, selon la revue de gauche, Socialist Worker, à 60 millions de livres sterling[71]. Pendant le rallye Paris-Dakar de 1984, auquel il participe, il se perd dans le désert, ce qui provoque beaucoup d'hilarité dans la presse. Encore un échec pour Mark. Ainsi, connaissant Mark, il n'est pas surprenant, finalement, qu'il ait trouvé, en la personne de Simon, un homme intéressant pour son cercle, quelqu'un avec qui, pour

---

[71] N° 2177, 14 novembre 2009.

une fois, les choses pourraient bien tourner. Mais, de nouveau, tout se termine par d'amères désillusions.

Et qu'en est-il de Severo Moto, cité également par Mann, en même temps que Thatcher ? Moto nie tout contact et prétend qu'il ne savait même pas que Margaret Thatcher avait un fils...[72]

Les nombreuses tâches de Nick du Toit

Les juges de Malabo obtiennent donc peu d'informations compromettantes supplémentaires sur Du Toit et en octobre les procès reprennent.

En principe, Du Toit est censé maîtriser les tours de contrôle de l'aéroport et ajuster la fréquence de radio pour que l'avion de Mann puisse atterrir. À la suite de l'atterrissage du Boeing 727, le 8 mars à 2h30 heure locale, il aurait construit des barricades, avec des barrages routiers, sur les autoroutes principales, pour retarder l'arrivée, dans la capitale, des militaires venant des deux bases de Luba. Pendant ce temps, un autre groupe doit récupérer (ou plutôt, arrêter ?) le partenaire de Du Toit, le ministre Antonio Javier, qui les emmènera directement dans la chambre d'Obiang. Puis Obiang et son frère Armengol sont transportés à l'aéroport, et décollent pour l'Espagne (s'ils n'ont pas été assassinés avant)[73]. Pendant son procès, Du Toit fut accusé d'achat « d'armes à des fins criminelles »[74] et de recrutement d'hommes pour achever le travail. En échange d'une récompense d'un million de dollars, comme l'ont découvert les juges, il est responsable de délimiter le quartier général de la police à Malabo, ainsi que la base militaire, dans l'hôtel Haladji. Dans sa première déclaration, Du Toit parle d'hommes « politiques américains à des postes très importants » qui étaient au courant du coup d'État. Il cite également la complicité de l'Espagne, qui "avait assuré à Mann son soutien pour le coup d'État"[75]. D'après l'épouse de Du Toit, Belinda, son mari a été obligé de donner certaines explications à la presse, en particulier à la télévision

---

[72] *The Guardian*, le 27 août 2004.
[73] *The Guardian*, le 26 août 2004.
[74] C'est ainsi qu'elles seront nommées pendant le procès.
[75] L'aveu (sworn testimony) a été critiqué par les observateurs internationaux. Dès lors, Du Toit revient sur ses insinuations concernant l'implication des États-Unis et de l'Espagne.

sud-africaine. Plus précisément, ces explications concernaient les tortures supposées, dont il a souffert : il aurait reçu des coups et on lui aurait marché sur les pieds très violemment. Cependant, après sa relaxe, le 3 novembre 2009, il n'abordera plus le sujet[76].

Le 26 novembre 2004, les quatorze étrangers sont condamnés à 17 ans de prison,[77] pour leur participation au coup d'État. Il s'agit, entre autres, des Sud-Africains : Sergio Fernando Patricio Cardoso, Jose Pasocas Domingos, George Olympic Núñez Alerson et Martinus Gerhardus Boonazier. Les six complices arméniens de Du Toit et de Mann, quant à eux, sont condamnés à une peine allant de six à douze ans de prison. L'avion Antonov et le bateau Roslyn Joy sont saisis par l'État de Guinée-Équatoriale. Nick du Toit, considéré comme étant le chef du groupe, écope de la peine la plus importante : 34 ans de prison. Cette décision surprend quelque peu les observateurs, qui craignaient que Du Toit soit condamné à mort pour « terrorisme »[clxiv]. Dans la loi équato-guinéenne, c'est tout à fait possible, mais le président Obiang a choisi plutôt une longue peine d'emprisonnement. Les juges justifient leur décision en alléguant qu'il a été démontré l'intention préméditée du groupe d'éliminer le président et le gouvernement, ainsi que de déstabiliser l'État. Selon le premier paragraphe de l'Article 4 du Code pénal, on parle de conspiration lorsque « deux ou trois personnes se mettent d'accord pour commettre un crime et décident de mettre en œuvre leur plan »[78]. La Cour considère également que cette phrase a bien été prouvée dans ce cas. Les condamnés sont emprisonnés dans l'établissement pénitentiaire de *Black Beach*, appelé ainsi en raison du sable noir volcanique qui se répand devant les bâtiments. Dans cette prison, ils disent manger très peu et très mal. Par la suite, Du Toit critique son ami Mann, parce qu'il est mieux traité que lui et qu'il a même de la « meilleure nourriture ». En outre, les différences sociales, au sein de l'établissement, sont exacerbées pour tous les détenus.

---

[76] Du Toit profite en fait de la grâce du président Obiang et il est remis en liberté, avec Sergio Fernando Patricio Cardoso, Jose P. Domingos et Georges Olympic Núñez Alerson. Mann est lui aussi libéré (voir au cinquième acte).
[77] L'Allemand Merz est mort en détention (Voir précédemment).
[78] Arrêt des juges de Malabo, le 26 novembre 2004, page 422.

SIXIEME ACTE : OU SIMON MANN EST TRANSFERE A MALABO PUIS DE NOUVEAU CONDAMNE.

Vers la fin du mois de janvier 2008, le Zimbabwe livre Mann à la Guinée-Équatoriale[clxv]. Ses avocats préparent le recours en appel, mais les autorités du Zimbabwe n'attendent pas. Avant d'arriver à Malabo, Mann « disparaît » pendant trois jours... Robert Mugabe a bien respecté sa promesse en « offrant » à son ami Obiang le principal suspect. Le 31 janvier, Mann est transféré à la prison centrale de Malabo[clxvi], plus connue sous le nom de *Black Beach*, un nom que la presse britannique aime utiliser pour dépeindre une ambiance féroce. Avec l'Afrique comme toile de fond, la présence de mercenaires, un complot, les noms de Mark Thatcher et de Black Beach : voici autant d'éléments passionnants, non seulement pour la presse à sensation, mais aussi pour la presse plus sérieuse. À quoi ressemble la vie dans cette prison ? Est-ce qu'ils ont des outils de torture ? Est-ce qu'il y a des rats et des cafards ? Le paludisme et la dengue sont-ils à craindre ? Black Beach, une prison restaurée et, pour les normes africaines, assez moderne, avec une infirmerie et une salle de sport ? Cela ne correspond pas du tout à l'image qu'a l'Occident de ce lieu. Mann évoquera ainsi ce sujet.

Un peu plus tard, Mann commence à souffrir de très fortes douleurs dans le dos et en novembre 2008, il est opéré à Malabo d'une hernie. Ses avocats à Harare avaient déjà prévenu les autorités que l'état de santé de Mann était « trop fragile pour une extradition »[79]. De fait, ses douleurs sont une des raisons pour lesquelles Mann ne comparaît pas pendant les sessions d'enquête préalable, où sa présence n'est pas absolument indispensable.

Le 11 mars 2008, avant son jugement, Mann accorde une interview à la chaîne de télévision britannique Channel 4. Lors de cette première interview depuis son arrestation, en mars 2004, à Harare, il avoue être coupable et il parle de l'implication de Calil, de Thatcher et d'autres, dans le complot. Selon lui, il n'a fait qu'exécuter les ordres : il n'était pas le cerveau (« J'étais seulement le chef d'orchestre, je n'étais ni le compositeur, ni le

---

[79] *The Daily Telegraph*, le 27 novembre 2008.

principal instigateur »[clxvii]). Mann compromet tellement Thatcher que la Guinée-Équatoriale décrète, le 29 mars, un ordre international d'arrêt contre lui[clxviii]. C'est à ce moment-là que Thatcher répond ceci : « Simon Mann est un de mes bons amis depuis longtemps, je lui transmets toute ma sympathie pour cet horrible procès en cours[80]. »

Mann avoue également qu'il n'avait pas pensé à la possibilité de l'échec, et à ce qu'il pourrait perdre. « Je m'en veux de ne pas avoir dit "coupez" juste deux mois avant notre arrestation. Quand on va chasser le tigre, on ne s'attend pas à ce que ce soit le tigre qui gagne. J'ai été parfaitement stupide. Je regrette sincèrement tout ce qui s'est passé[81]. » Mann cite Ely Calil comme étant la pièce la plus importante dans le puzzle de ce coup d'État. Pour sa part, Calil nie toute implication et d'après lui, les accusations de Mann sont dues à sa surexcitation et à sa nervosité. « Je suis persuadé qu'il doit être dans un état de terrible détresse. D'ailleurs, il a fait beaucoup de déclarations contradictoires[82]. »

Curieusement, dans cette interview, Mann, innocente Jeffrey Archer et Peter Mandelson de toute implication dans le coup d'État. « Eux n'ont rien à voir avec cette histoire. Dieu sait où ils ont été chercher ça[83] ».

Malgré la possibilité d'une condamnation à un emprisonnement à perpétuité pour « conspiration terroriste et tentative d'assassinat du président », pendant l'interview, Mann paraît pourtant avoir confiance en lui. Ou bien, comme la presse britannique l'a bien résumé : devant ses juges, il est menotté, mais souriant. « La principale motivation était de venir en aide à la population de Guinée-Equatoriale, qui connaissait de nombreuses difficultés », explique Mann, dans son uniforme de prison. Peut-être à cause de la présence du procureur général, Olo Obono, Mann déclare que Moto et Calil, pour le convaincre, lui avaient brossé un tableau très négatif des conditions dans le pays. Mais il poursuit ainsi son interview : « La peur d'une

---

[80] BBC News, le 12 mars 2008.
[81] *The Guardian*, le 12 mars 2008.
[82] *The Guardian*, le 11 mars 2008.
[83] *The Guardian*, le 12 mars 2008.

torture épouvantable n'est pas fondée. Je suis bien traité ici. Ma cellule est correcte, j'ai de l'eau, de quoi manger et je ne suis pas soumis à des pressions. »[84] Cependant, il se plaint tout de même de la façon dont s'est déroulée son extradition, qu'il qualifie d' « enlèvement »[85]. D'après les critiques, Mann cherchait, avec cette interview à Channel 4, à s'attirer les faveurs des autorités de Malabo[86]. Avec beaucoup d'excuses et en affirmant qu'il est bien traité, il est possible qu'il réussisse à réduire un peu la peine. Mais finalement cet entretien télévisé ne sera pas « autorisé », ni diffusé tout de suite.

Le procureur et le suspect

La relation entre Mann et Olo Obono remonte à bien avant Malabo. D'après le Britannique, le procureur général était venu lui rendre visite à Harare en 2005, pour parvenir à un accord[87]. Après les quatre jours du procès, Olo Obono lui a demandé de signer un acte notarié, avec la liste des noms des financiers impliqués dans le complot. En échange, la Guinée-Équatoriale ne demanderait pas son extradition et il serait remis en liberté après avoir purgé sa peine au Zimbabwe. Mais l'avocat de Mann, Jonathan Sanganke, et l'avocat Andy Kermana, embauché par sa femme, Amanda, s'y opposent. En 2006, d'après ses propres paroles, il a essayé de contacter deux fois Olo Obono mais, comme précédemment, les avocat de Mann ne sont pas d'accord. Dans *The Guardian*, le procureur général confirme cette version des faits.

Revenons au début du printemps 2008. Le procureur général Olo Obono promet un procès « transparent » à Malabo, selon la législation espagnole, en vigueur dans son pays. L'honneur de la Guinée-Équatoriale est en jeu, comme on disait à l'époque. Outre les trois juges locaux assignés pour ce procès, un autre juge neutre assiste au jugement, en tant qu'observateur. Il a été

---

[84] *Idem*.
[85] Le président Obiang est si content de l'extradition de Mann du Zimbabwe, qu'il donne encore plus de pétrole à son nouvel allié, Robert Mugabe (selon le journal *The Guardian*, le 12 mars 2008).
[86] Nous constatons que Mann a proposé l'interview de sa propre initiative. Conversation avec Olo Obono, le 16 mai 2010.
[87] *The Guardian*, le 21 juin 2008.

affecté par le président de l'Union Africaine, Jakaya Kikwete, qui est en même temps le président de la Tanzanie.

Début juin, deux petites semaines avant le procès, une certaine agitation voit le jour : Olo Obono donne congé à la défense de Mann. Il semblerait que l'avocat Poncial Mbomio Nvo, un des rares avocats « indépendants » du pays, soit un peu trop « tendre ». La question de l'extradition, légitime ou non, est remise à l'ordre du jour et Mann n'est plus appelé le « co-instigateur » du coup d'État, mais un « complice », une « triste victime » des véritables instigateurs. Olo Obono nomme alors un nouvel avocat pour Mann : Jose Pablo Nvo. Selon *Jeune Afrique*, Nvo avait dit que Mann, pour les crimes qu'il avait commis « ne méritait pas 10 ans de prison » : tout compte fait, aucun sang n'avait été versé[88].

Le 16 juin, trois semaines avant l'arrêt contre Mann, Obiang ne laisse planer aucun doute quant à son opinion, et il traite le Britannique de « bâtard criminel »[clxix]. L'ambiance s'échauffe, les esprits sont de plus en plus agités et les amis et proches de Mann s'inquiètent pour le procès. Du 17 au 20 juin 2008 a lieu, enfin, le jugement de Mann et des autres[89], parmi lesquels on retrouve le conseiller particulier du président Obiang, l'homme d'affaires libanais Mohamed Salaam[clxx]. Salaam avait eu le temps de voir venir cette affaire, puisqu'il a été arrêté quatre ans après la tentative de coup d'État. Mann l'avait cité au passage, dans une de ses déclarations, en relation avec le « projet de pêche ». Olo Obono commence alors à mieux saisir le fil de l'intrigue (nous expliquerons un peu plus loin comment). Dans tous les cas, Salaam va fournir, dans ces deux déclarations, de nombreuses informations intéressantes. Non seulement sur son rôle d'espion double, mais aussi sur d'autres proches du président. En d'autres termes, grâce au témoignage de Salaam, on découvre de nouveaux personnages sur scène. Parmi eux, dans le rôle principal, Fortunato Ofa Mbo, l'ancien ministre de la Pêche, qui était à l'époque le secrétaire général du Ministère

---

[88] Jeune Afrique, le 15 juillet 2008.
[89] Gerardo Angue Mengue ; Gumersindo Ramirez Faustino ; Fortunato Ofa Mbo Nchama ; Bonifacio Nguema Ndong; Saturnino Nkogo Mbomio ; Cruz Obiang ; Emiliano Esono Micha; Pedro Ndong Adeng.

dans l'agence présidentielle et a été accusé de trahison. Nous reparlerons de lui un peu plus tard.

Une centaine de personnes assistent au procès, parmi lesquelles l'américain Donald Johnson et les journalistes de Channel 4. Mann a l'air en forme et il confirme être bien traité, dire la vérité et ne pas être sous pression. Il avoue également qu'après quatre ans de prison, « il n'est plus le même homme[90] ».

---

[90] Déclaration en tant que témoin oculaire, de l'avocat américain Melvin White, à Memo, le 20 juin 2008. Détenue par l'auteur.

SEPTIEME ACTE : OU LES « TAUPES » ENTRENT EN SCENE

Revenons en arrière et concentrons-nous sur Mohamed Salaam, l'homme d'affaires libanais qui s'est rendu pour la première fois en Guinée-Équatoriale en 2000. Sur les conseils de son père (et avec son argent), il s'y installe en 2001. Les autorités acceptent qu'il investisse dans différents domaines, comme l'ouverture d'une banque, avec de l'aide venant de Belgique et la fondation d'une usine de panneaux solaires ainsi que d'autres « entreprises ». Mais cela ne s'avère pas facile, dans un pays où faire des affaires est encore assez inhabituel, et où presque tout doit obligatoirement passer entre les mains de personnages importants. Salaam est un expert dans l'art de nouer des contacts, c'est un bon observateur et il gagne rapidement la confiance du président Obiang, si bien que ce dernier lui demande même d'être son conseiller. Le rôle de Salaam consiste, principalement, à l'informer des « activités subversives ». En tant qu'étranger, il bénéficierait « d'antennes » plus nombreuses et diverses que celles de l'entourage direct des responsables politiques. Le président aurait-il l'intuition que quelque chose ne fonctionne pas bien, au sein de son cercle intime de proches ?

Il n'est pas imaginable qu'Obiang ne connaisse pas les antécédents de Salaam : il est le frère de la princesse Ghila Talal, ex-conseillère de presse du roi Hussein de Jordanie, mariée avec le prince Tala in Muhammad. Ce dernier, qui est donc le beau-frère de Salaam, est l'un des conseillers dans le domaine de la sécurité d'Hussein. Mais Salaam connaît également de nombreuses personnes très « influentes », comme par exemple la sœur du président de Guinée, Ahmed Sekou Toure, et le magnat du pétrole Ely Calil, avec qui il est très lié, depuis qu'ils ont une douzaine d'années. Décidément, le monde est de plus en plus petit !

Obiang a-t-il déjà entendu parler, à ce moment-là, de Calil ? Peut-être se souvient-il qu'en 1997, Salaam avait visité le pays accompagné du frère de Calil, Bernard, et de son oncle, l'homme d'affaires Khaled Arab. Cette année-là, le président ne leur accorda pas d'entretien pour parler de pétrole. Le père de Mohamed, le multimillionnaire Hany Salaam, connaissait très bien Ely Calil, et depuis très longtemps. Dans les années 1960, ils firent des affaires ensemble au Nigeria, puis dans les années 1980, ils achetèrent ensemble une usine de piles, également au Nigeria, jusqu'à la faillite de l'usine, en 1989, ils s'entendent très bien et ils excellent tous deux dans l'art de nouer des contacts dans le monde entier, dans leur propre intérêt et celui de leurs entreprises. D'après un article paru dans *The Guardian* [91], Hany Salaam contribua à financer la campagne du président Jimmy Carter. Par contre, ce qu'Obiang ignore encore, c'est qu'en 2003, Salaam est présenté à Mann à Londres, justement par Calil... Mann partage avec Salaam son idée de créer une entreprise de pêche et il lui demande d'intercéder auprès d'Obiang. Il lui touche un mot, rapidement, du coup d'État, de l'entreprise dont il a besoin pour cela et du fait que les eaux territoriales de Guinée-Équatoriale serviraient de protection, de BAT-Systems [92]. Par la suite, on apprendra que Calil invite Salaam à participer à l'aventure, alors que Mann n'est pas au courant. Pour cela, il devra envoyer son partenaire, Karim Fallaha, à Malabo. Salaam se retrouve alors au milieu d'un imbroglio d'intérêts divers et contradictoires, ce qui semble plus le stimuler que l'inquiéter.

Mais il sait parfaitement quel est le but final de Calil, et il le précise dans ses déclarations. En effet, après le coup d'État, non seulement Calil pensait exiger l'exclusivité des contrats liés au pétrole, mais il rêvait aussi de pouvoir gérer les contrats de LNG, au nom du nouveau gouvernement. Il espérait aussi pouvoir renégocier les contrats avec Exxon Mobil, Marathon Oil, Hess et avec d'autres entreprises, afin d'augmenter la part des bénéfices avantageux pour la Guinée-Équatoriale, et en faisant passer le pourcentage de vingt à cinquante pour cent[93]. Par la suite, Calil comptait fonder, à Malabo, une entreprise destinée à administrer ses affaires, qui serait dirigée par son fils, Karim Ely Calil. Et tout naturellement, il se réserverait dix pour cent sur tous les accords. Et Salaam serait, sans aucun doute, bien récompensé de ses services et de ses efforts.

---

[91] David Pallister, *Simon Mann case: the princess, the king and the lord*, le 8 juillet 2008
[92] Déclaration de Salaam à Malabo, le 29 mai 2008.
[93] La Guinée-Équatoriale ne signe habituellement pas d'accord vraiment avantageux avec les compagnies pétrolières et de gaz. Les pays de la zone au sud du Sahara profitent de bénéfices situés en moyenne entre 45 et 90 %. En Guinée-Équatoriale, ces bénéfices sont de l'ordre de 15 à 30 %.

Après ces discussions, Salaam revient à Malabo et organise une réunion avec le ministre de la Pêche, Fortunato Ofa Mbo, mais bien sûr il ne dit pas un mot au président de ses rencontres de Londres. S'il est sûr et certain que son contrat avec le palais présidentiel a bien été annulé, Salaam reconnaîtra par la suite avoir commis une grosse erreur : se taire au mauvais moment. Avait-il une bonne raison de se taire ? Qu'ont décidé Salaam et Ofa Mbo ? Selon la déclaration du Libanais, les préparatifs du coup d'État n'ont pas été abordés lors de cette conversation. On parla non seulement de pêche, mais aussi de créer une unité de surveillance maritime : c'était une idée de Calil, qui avait déjà été évoquée par Du Toit, le complice de Mann. Du Toit aurait-il agi dans le dos de Mann ? Calil était-il toujours en train de comploter pour monter les uns contre les autres ? Tous les éléments semblent le prouver... Cette unité de surveillance représentait une couverture idéale pour un coup d'État réalisé par la mer, une option dont Mann n'a jamais parlé (contrairement à Severo Moto, qui l'aurait évoquée devant des hommes politiques en Espagne). Difficile de savoir si le ministre a fait le rapprochement entre les plans du coup d'État et la prétendue entreprise. En tout cas, il n'aborda jamais ce sujet avec le président. Avait-il peur de se mêler de choses qui ne le regardaient pas ? Ou bien espérait-il secrètement un changement radical ? Quoi qu'il en soit, le silence de Mbo attire sur lui des soupçons ; le ministre devra donc en assumer les conséquences.

Les différents rôles joués par Mohamed Salaam

Revenons à l'année 2001 : Mohamed Salaam est non seulement conseiller particulier dans le domaine des activités d'espionnage, mais aussi dans celui de l'amélioration des relations entre la Guinée-Équatoriale et les États-Unis. Il organise une visite de deux ministres : le ministre des Affaires étrangères, Santiago Nzobeya, et son collègue, le ministre Cristóbal Mañana, à deux sénateurs. Et il prépare également un voyage d'affaires pour Obiang, en septembre 2001. Le 11 septembre, lors de l'effondrement des tours jumelles, il se trouvait à Washington D.C.

En octobre 2001, une demande pour le moins étonnante est formulée : Ely Calil demande à Salaam de remettre au président Obiang une lettre de Severo Moto, sous la forme d'un fax. Dans cette lettre, qui est curieusement adressée à Wade, le président du Sénégal, Severo propose à Wade de servir d'intermédiaire entre lui-même et Obiang. D'après Salaam, il paraît évident, dans cette lettre, qu'en fait Ely Calil et Severo Moto doivent être considérés comme « une seule et même personne »[94]. Au moment où le président Obiang reçoit cette lettre de Moto, des mains de Mohamed Salaam, un confident du président la reçoit également. Comment a-t-il obtenu cette lettre ? Peut-être qu'en raison de son rôle, il est un peu comme un double du président... Ou bien peut-être, par mesure de précaution, a-t-il été utilisé par Moto (ou Calil), comme postillon d'amour (messager d'amour). En tout cas, Obiang accorde toute sa confiance à ce confident : il résout tous les problèmes du président, gère ses affaires et lui sert de garde personnel. En bref : il n'y a aucun doute qu'il s'agit d'un intime. Le cumul de circonstances : l'incertitude sur l'expéditeur et l'imprécision des véritables intentions exaspèrent sûrement Obiang. De fait, comme nous l'avons vu précédemment, il a embauché Salaam comme espion pour six mois et il le rémunère avec la somme de cent mille dollars. Obiang cherche principalement à suivre la piste d'Ely Calil et de ses amis libanais : ceux qui travaillent, avec beaucoup d'enthousiasme, à la construction de la Guinée-Équatoriale. Salaam devra continuer à fournir des informations sur ses semblables[95]. Salaam lui a-t-il raconté les bonnes relations qu'entretenaient Hany Salaam et Ely Calil ? C'est possible. Dans tous les cas, il s'avère étrange que le président ait embauché comme espion un ami de l'allié de son ennemi Moto. Ou bien cela fait-il partie de la tactique d'Obiang ? Serait-il devenu très habile dans l'art de confronter un informateur à un autre informateur ? Ou bien est-il un expert pour déceler de quel côté

---

[94] Déclaration de Salaam à Malabo, le 29 mai 2008.
[95] Même après la résiliation du contrat, vers le milieu de l'année 2002, Salaam continue à fournir des informations. En 2006, il convient d'une visite de la présidente des Philippines, Gloria Arroyo, en Guinée-Équatoriale, puis en 2007 c'est au tour d'Obiang de lui rendre visite. Cette même année, il souhaite fonder une nouvelle banque, grâce au capital de son père et à la collaboration de membres du parlement des Philippines qui garantissent, au nom du gouvernement, la transparence de cette banque : BANGE. Salaam détient 18 % des actions, les Philippins 12 %. Pour le remercier de ses efforts, Salaam est nommé consul des Philippines et il devient ainsi un honorable citoyen de Malabo.

vient le vent ? Ou alors trop de tempêtes font déjà rage et ils se croient tout-puissants, avec leurs réunions, leurs délibérations, leurs plans et leurs histoires, sans que personne ne puisse intervenir ?

Ce qui est certain, c'est que Salaam, le « fouineur », ne plaît pas à tout le monde. Pourquoi ? Sont-ils jaloux de sa relation avec le président ? Sont-ils envieux parce que le président a choisi ce Libanais plutôt qu'un autre ? Quoi qu'il en soit, pour Salaam, il est de plus en plus difficile de faire son travail, à l'intérieur comme à l'extérieur du palais. D'autre part, son rôle d'observateur contre rémunération ne dure pas très longtemps. Dès que son contrat est résilié, il continue son travail, mais à sa manière... Salaam a réussi à bâtir suffisamment de relations pour connaître sur le bout des doigts le programme du président, et ses finances. Cette information se révèle très précieuse pour l'avenir, puisque les mercenaires auront besoin de savoir où se trouve Obiang le jour J. De fait, cet élément est essentiel : si le coup d'État avait bien eu lieu, les mercenaires auraient fait irruption dans le palais présidentiel de Malabo pendant la nuit du 7 au 8 mars 2004, il fallait donc s'assurer qu'Obiang ne passe pas la nuit à Bata, par exemple. Mann en avait la certitude, sinon choisir cette date n'aurait eu aucun sens. Comment pouvait-il en être si sûr ? Grâce à une taupe, un dénonciateur, qui était en lien direct avec Calil. Une taupe qui pouvait communiquer des informations de manière très discrète.

Le président devait bien se douter que son administration n'était pas vraiment imperméable. Obiang avait la puce à l'oreille, il avait l'impression, non seulement qu'il se tramait quelque chose contre lui en Afrique, mais aussi, et surtout dans son propre pays. Il se rendit compte que deux taupes parmi ses intimes (une autre fera son apparition par la suite) scrutaient son entourage. Mais même sans cela, cela sautait déjà aux yeux qu'Obiang était loin d'être naïf : ses excellentes antennes, dans un si petit pays, lui permettaient de suivre facilement les rumeurs et donc les conspirations. Il ne savait sans doute plus à qui il pouvait faire confiance, mais il comptait sur ses espions, qui se surveillaient les uns les autres. Il est possible que, vers la fin de l'année 2003, il réalise qu'il est sans doute plus sensé de faire comme s'il ne savait rien, surtout qu'il commence à perdre confiance en ses collaborateurs les plus proches. Il n'y a plus qu'à observer et à attendre. Il sait très bien qui sont les éléments les plus faibles. Depuis un certain temps déjà, des joueurs, restés jusque-là à l'arrière-garde, commencent à tisser une toile d'araignée qui se refermera sur le président, le moment venu. Même si tous ses amis le trahissent, Obiang sait attendre.

Libéré de son rôle d'espion contre rémunération, Salaam veut maintenant fonder une usine de panneaux solaires avec Karim Fallaha, la main droite libanaise de Calil. Obiang trouve que c'est une bonne idée. Salaam et plusieurs autres hommes d'affaires ont réussi à regrouper 25 millions de dollars pour l'investissement, mais le directeur général du ministère des Travaux publics et des infrastructures, Agustín Ndong Ona, désapprouve ce projet. De même, le conseiller présidentiel en matière d'énergie, Miguel Ekua, s'oppose complètement à l'installation d'une usine de panneaux solaires, qui ne serait pas d'intérêt public, et d'autre part, il existe déjà des plans bien avancés pour construire une centrale hydroélectrique. D'après les explications d'Ekua, l'installation de centrales nucléaires est également à l'étude. Ainsi, malgré le soutien du président, ce plan ne sera pas mis en œuvre et Salaam et Fallaha se « séparent » donc en 2003. Ce dernier sait que son partenaire travaille en étroite collaboration avec le président Obiang[96] et il est possible qu'il souhaite partir de ce pays avant que « les Libanais » n'attirent encore plus l'attention sur eux. Mais il est sans doute déjà trop tard...

Ricardo Mangue entre en scène

Mohamed Salaam, grâce à son rôle d'espion du gouvernement, connaît les grands hommes de la Guinée-Équatoriale. Personne ne peut savoir, mieux que lui, qui a du talent et qui n'en a pas. Est-ce à ce moment qu'il eut l'idée d'impliquer Mangue Obama, le ministre secrétaire général ? Avait-il entendu, par Ely Calil, qu'on recherchait, discrètement, un remplaçant pour Severo

---

[96] Les panneaux solaires ne servaient peut-être que de couverture, pour des paiements anticipés d'Ely Calil, qui souhaitait avoir plusieurs cordes à son arc. Calil ne faisait-il déjà plus confiance à Mann et à Du Toit ?

Moto, jugé trop tendre ? Ou bien est-ce que Mangue représentait une bonne alternative, à la place d'Obiang ? Ce juriste, qui aime recevoir des visites chez lui et parler très longtemps entre quatre murs, serait-il le pivot des plans du coup d'État ? Serait-ce pour cela que la bande libanaise, autour de Salaam et de Calil, le recommande ? Ce qui est certain, c'est que Salaam connaît très bien Mangue. Entre 2001 et 2006, il déjeune et discute tous les jours avec Mangue, dans sa maison, où il est toujours le bienvenu. Mais, lorsque Mangue devient premier ministre, ils ne peuvent se retrouver que le week-end. Ils parlent de la vie, de la politique.... « Nous avons la même manière de penser. J'ai une amitié très solide avec Don Ricardo Mangue, depuis que je me suis installé en Guinée-Équatoriale », explique Salaam à ses juges[97]. Une amitié qui va bien plus loin que les déjeuners et les conversations...

Lors d'une longue discussion avec Obiang et le président de la Haute Cour de Guinée-Équatoriale, Jose Olo Obono, on nous explique les faits suivants [98]: en mai 2001, Ely Calil obtient un entretien, à Genève, avec Mohamed Salaam et Mangue, qui participent alors à un congrès international[99]. Il semblerait que Calil et Salaam aient annoncé au ministre, dans un petit restaurant italien, un « grand évènement », une « opération » qui attendait la Guinée-Équatoriale. Un évènement dont Mangue pourrait être le bénéficiaire... Qu'ont-ils promis alors à Mangue ? Selon le président Obiang, on lui aurait promis ni plus ni moins la présidence. Bien entendu, ces promesses sont faites en échange d'importantes sommes d'argent et de privilèges, comme l'obtention de la citoyenneté équato-guinéenne et des concessions pétrolières (surtout pour Calil). Salaam revient ensuite à Malabo. Malgré le fait qu'il ait été embauché pour informer les autorités des « activités subversives », il ne raconte rien de cette rencontre, tout comme Mangue. Il n'en parlera pas avant 2008, au moment où les soupçons se précisent, après la déportation de Mann d'Harare et sa détention à Malabo (janvier 2008). Salaam est le premier à être soupçonné, puis Mangue, qui

---

[97] Déclaration de Salaam à Malabo, le 30 mai 2008.
[98] Cette conversation s'est déroulée dans le palais présidentiel de Mongomo, le 15 mai 2010.
[99] D'après la déclaration de Salaam en mai 2008, le président Obiang envoya Mangue pour qu'il puisse garder Calil à proximité de lui et évaluer « dans quelle mesure il était dangereux ».

est – oh ! Ironie - devenu le premier ministre du pays. Dans ses confessions, en mai et juin 2008, Salaam, déjà arrêté pour cause de complicité dans le coup d'État, affirme que Calil avait offert à Mangue un très haut poste, parce qu'il pensait que celui-ci avait tout compris, sans qu'il y ait besoin de prononcer les mots : "coup d'État". Selon Obiang, Mangue était intéressé par cette opportunité.

Par la suite, lorsque les aveux de Salaam ont été dévoilés, Mangue a tout nié. Il s'était retrouvé par hasard à la conférence de Genève et à son retour en Guinée-Équatoriale, il avait « oublié » de mentionner sa rencontre avec Calil et Salaam. D'après la déclaration de Salaam, il n'aurait accepté aucun poste ministériel, mais il aurait dit, au contraire, que si le président n'avait plus besoin de ses services, il souhaitait se retirer dans son village pour lire des livres[100].

Selon Obiang, Mangue a affirmé par la suite qu'ils lui avaient proposé le ministère du Pétrole, s'il se montrait plus tolérant envers les investisseurs pétroliers. Le président estime que ce n'était pas une grande promotion, et qu'il est peu probable que cela se soit déroulé autrement. Le ministère des Travaux publics et des infrastructures, représente, finalement, le poste le plus important, avec celui des Mines et celui des Finances. Toujours selon Obiang, Mangue était considéré par les instigateurs du coup d'État comme le successeur préféré. Mangue serait donc président. Mais comme en 2004, personne ne peut encore imaginer une chose pareille, il reste pour l'instant ministre. En 2006, il devient même premier ministre, jusqu'à ce qu'il soit obligé de démissionner, en 2008. Avec tout cela, on pourrait se demander si le président Obiang se doute de ce qui se trame dans son pays. Il sait comment faire pression sur Mangue : il suffit de l'apaiser et de le nommer ensuite premier ministre. Cela lui donnera plus de temps pour démanteler le complot. Non pas la conspiration qui a vu le jour à l'étranger et dont la presse internationale s'est emparée, mais celle qui règne au sein de son propre entourage, à Bata et à Malabo.

---

[100] Déclaration du 30 mai 2008.

Ainsi, nous pouvons donc soutenir qu'Obiang était au courant du coup d'État bien avant le mois de mars 2004 et qu'il avait donné des ordres, en accord avec Mugabe, pour faire arrêter les mercenaires à Harare. Mais le véritable danger réside à l'intérieur du pays, et pour le combattre, il faut du temps... Ce coup d'État est un peu comme une étincelle qui met le feu aux poudres. La menace ne vient pas seulement des soixante-dix mercenaires mais des déserteurs de l'armée, de la police et des hommes politiques qui attendent le « Jour J » en Guinée-Équatoriale. Mais qui sont-ils exactement ? Seul le président le sait. Il a donc prévenu ou arrêté les suspects, en appliquant les décisions nécessaires : la prison, l'exil dans leurs villages ou à l'étranger. C'est pourquoi les observateurs ont suggéré que le coup d'État aurait beaucoup aidé le président Obiang à « faire le ménage dans sa propre maison ». Jusqu'à quelle distance ses ennemis se sont-ils approchés ? Lorsque Mark Thatcher a été arrêté en Afrique du Sud, un mystérieux « Comité de Libération Militaire » envoya à des milliers d'abonnés, ayant un téléphone portable en Guinée-Équatoriale, un message disant : « Ce coup d'État a été fomenté par l'entourage direct d'Obiang. »[101]

On nous a également répété que le président ne pouvait plus avoir confiance en personne d'autre qu'en sa propre famille et en son clan.

Et ensuite ?

Non seulement Mangue n'est pas accusé, mais il n'a même pas à comparaître devant les juges. À Mongomo, Obiang déclare : « Un tel procès ne provoquerait que de la mauvaise publicité et compromettrait trop de personnes. Il aurait un effet boule de neige... » Ricardo Mangue vit aujourd'hui retiré dans son village natal, et il peut lire tous les livres qui sont à sa disposition. D'ailleurs, Obiang a la réputation d'un « sauveur », de quelqu'un qui comprend les erreurs des autres parce que, comme il l'explique lui-même, depuis les évènements avec son oncle Macías, il « hait les vengeances sanguinaires ». Conclusion : Ricardo Mangue a été la victime de ses propres rêves d'homme d'affaires. Souvent entouré de dirigeants apeurés, séduits à l'aide

---

[101] Nicholas Shaxson, *Poisoned Wells, the Dirty Politics of African Oil*, New York, 2007, page 139.

de cadeaux et de promesses, il a cru qu'il pourrait en tirer encore plus d'avantages... Mangue est entré dans la roue de l'abondance, et il ne peut plus s'arrêter. Comme beaucoup des hommes importants d'Afrique, il a une famille très nombreuse, qui s'est déjà habituée à une vie de privilèges, de cadeaux, d'opportunités professionnelles... Une fois que l'on est entré dans le cercle diabolique du généreux donateur, il est presque impossible de reculer. Tous dépendent de lui, de ses cadeaux généreux et de son influence. Et Obiang le sait mieux que personne : lui aussi a une famille nombreuse, un clan, des compatriotes, et ils cherchent tous à obtenir quelque chose de lui. C'est la tradition africaine qui le veut : les riches doivent aider les pauvres. Que l'on soit footballeur, président, ministre ou garde du corps.

Mangue souhaitait-il vraiment devenir président ? Sans doute pas, il voulait tout au plus être récompensé par les hommes d'affaires étrangers, pour son rôle de figure de proue. Mais une récompense en argent : le pouvoir ne l'intéressait pas. Le président Obiang a mis en valeur ses mérites personnels : il est avare, mais pas méchant. Il est maladroit, mais n'a pas de mauvaises intentions. C'est un homme comme tant d'autres dans le monde. Et ce type d'hommes ne se met pas en prison, il faut lui pardonner.

Et les taupes ? Les hommes qui ont joué un rôle de taupe ont été découverts, mais non poursuivis. D'après des sources proches du président, ils ont imploré la clémence d'Obiang. Et il la leur a accordée, peut-être parce qu'il n'y a pas plus loyal que celui qui, au lieu d'être considéré comme un traître, est finalement autorisé à rester. De même, à propos des informateurs faisant partie du cercle intime du président, Obiang disait : « L'avarice les a détournés de leur comportement habituel. Ils espéraient probablement pouvoir faire des affaires avec les Libanais, mais ils n'ont pas compris qu'ils étaient, à leur insu, utilisés comme espions. Si tu t'appelles Calil, il n'y a rien de plus normal que d'appeler le confident du président pour vérifier si le « Boss » sera bien à Malabo la nuit du 7 au 8 mars. C'est ainsi que le Calil, cadre dynamique, peut venir faire une visite pour parler affaires. Et les taupes vont et viennent, en emportant la plus grosse part du gâteau : c'est normal. C'est pourquoi, dans ce cas-là, on répond à l'appel, le plus naturellement possible, en disant : « Bien sûr, mon cher Ely, cela ne pose aucun problème puisque le président sera-là... »

Est-ce espionner ou plutôt être manipulé ? C'est le président qui est le dernier à choisir entre les deux options...

Mann retourne en prison

Le 7 juillet 2008, à Malabo, Mann est condamné à trente-quatre ans de prison, par le juge Carlos Mangue Elunku. Il est accusé de tentative de meurtre du Chef de l'État et d'avoir agi contre la « forme du gouvernement » et contre la paix et l'indépendance de l'État. Mohamed Salaam est, pour les mêmes délits, condamné à 18 ans, tandis que Cruz Obiang Ebebele, Emiliano Esono Micha, Gerardo Angue Mangue, Gumersindo Ramírez Faustino, Bonifacio Nguema Ndong et Juan Ekomo Ndong écopent de cinq ans de prison pour complicité. Un autre complice est condamné à un an de prison et un dernier est démis de ses fonctions. L'ex-ministre Fortunato Ofa Mbo devra, quant à lui, purger une peine de six mois de prison. Pedro Ndong Ngua Akeng est lui aussi démis de ses fonctions.

Le procureur général avait requis trente-et-un ans, huit mois et trois jours de prison pour Mann qui, disait-il, était un « terroriste qui attentait à la vie des femmes et des enfants innocents... »[102]. Cependant, le juge inflige au Britannique une peine encore plus longue, à la surprise de nombreuses personnes. Cela ne pouvait pas être la peine de mort, puisque l'une des conditions du Zimbabwe avant l'extradition de Mann en Guinée-Équatoriale était l'exclusion de la sentence de la peine de mort. Outre la peine de prison, Mann doit aussi payer une amende de 24 millions de dollars. Le procès est finalement assez rapide, grâce à la collaboration de Mann. Mann parle d'Ely Calil comme du « Cardinal » : il concentrait dans ses mains le pouvoir absolu sur tout le complot et il maintenait Mann quelque peu à distance, probablement sans lui donner toutes les informations. Si le coup d'État avait eu lieu, Mann n'aurait été que le chef de la sécurité

---

[102] *The Guardian*, le 21 juin 2008.

du nouveau président, tandis que Calil gardait pour lui ou distribuait, à d'autres, les postes les plus lucratifs. Mann offre plus l'image d'une « victime » d'un plan plus global, que celle du chef héroïque d'un groupe de mercenaires indépendants. Il semble que Mann ne soit pas même au courant de tout, en ce qui concerne sa relation avec celui dont le rôle est si essentiel à Malabo : Nick du Toit. Par exemple, il ne savait pas que Du Toit était en contact direct avec Calil au sujet des services de surveillance maritime, que Du Toit ajoutera en annexe au contrat sur la pêche. Ou bien, comme le soutient un des observateurs présents : Du Toit réalisait toute sorte d'affaires, derrière le dos de Mann[103]. Sans doute Mann ignorait-il, avant le jugement de Malabo, qu'il lui avait joué un mauvais tour, et de quelle manière. D'ailleurs, cela explique sa frustration, qui est l'une des raisons pour lesquelles il a « crucifié », en les dénonçant, tous ses anciens protecteurs et investisseurs.

Mann répond spontanément à toutes les questions, et le procès se déroule mieux que prévu, surtout pour le procureur général, qui commente : « Mann sait bien que je le traite avec justice et même que, d'une certaine manière, je le respecte. Mann est un homme intelligent. S'il sent que je lui mets trop de pression, il ne résiste pas, il passe de l'autre côté. L'interroger a été pour moi un défi, mais je me suis retrouvé face à un adversaire très digne, » avoue Olo Obono à Malabo, au cours d'une discussion[104]. D'ailleurs, Mann reçoit, dans sa cellule, toutes sortes de petites attentions : des livres, un vélo de gym, des médicaments, etc. Ces privilèges n'ont pas été accordés à Du Toit, par exemple. De temps en temps, le ministre de la Sécurité nationale, Manuel Nguema Mbo, vient lui rendre visite, et ils déjeunent agréablement ensemble. Du moins, c'est ce qu'affirment les journaux britanniques et la BBC. Ils soutiennent également que Mann a prêté au ministre un exemplaire de *The Wonga Coup*, écrit par le journaliste Adam Roberts[105]. Aux yeux de certains observateurs européens, la déclaration de Mann semble avoir été préparée pour obtenir une réduction de peine, ou même une grâce. Mais la liberté pourrait également ne pas

---

[103] Observations de Melvin White, notes du 20 juillet 2008.
[104] 16 mai 2010, dans le bureau de la Haute Cour.
[105] Will Ross, correspondant de la BBC en Afrique de l'Ouest, 7 juillet 2008.

avoir que des avantages. Les observateurs américains, notamment, craignent que Mann, une fois libéré, soit obligé de suivre un « programme de protection de témoins » ou, en tout cas, d'avoir des gardes du corps, étant donné la quantité de noms (de personnes importantes) qu'il a cités[106].

Mann répète de nouveau qu'il n'est pas le seul derrière ce coup d'État, et il évoque encore Mark Thatcher. Il affirme également savoir que Thabo Mbeki ainsi que le gouvernement d'Espagne étaient au courant de son plan et qu'en janvier 2004, une : « opération officielle a été organisée... Les gouvernements d'Espagne et d'Afrique du Sud ont dit, mot pour mot, qu'il fallait que j'y aille, qu'il fallait faire ce coup d'État[107]. »

Selon Mann, quelques membres, parmi les plus anciens, du gouvernement, de l'armée et de la police de Guinée-Équatoriale étaient plus qu'impliqués dans la tentative de coup d'État. En d'autres termes, il insinue que le coup d'État était très fortement soutenu de l'intérieur du pays. Mann poursuit en ajoutant qu'il avait reçu, en outre, un soutien sans faille de la part de la CIA, du Pentagone et des grandes compagnies pétrolières américaines. À la fin du procès, le procureur général, Olo Obono, fit part à la presse de son désir d'inculper non seulement Mark Thatcher, mais aussi Ely Calil : « Peut-être que cela nous prendra du temps, mais nous finirons par les poursuivre en justice. » Le président Obiang ajouta qu'ils avaient déjà attendu Mann quatre ans, ils pouvaient donc bien attendre les autres encore quatre ans... Ce serait donc en 2012. Obiang insiste également sur l'extradition de Severo Moto, qui jusqu'à aujourd'hui n'a toujours pas abouti. Le prétendant au trône a obtenu l'asile politique en Espagne, malgré les soupçons de commerce illégal d'armes, qui lui avaient valu d'être emprisonné. Moto peut compter, incontestablement, sur un large réseau d'amis très influents en Espagne.

Dans leurs déclarations, les trois juges étaient d'accord sur le fait que Mann n'avait pas réussi à adopter une « attitude repentie », alors qu'il avait exprimé son regret à diverses reprises,

---

[106] Témoin oculaire de Melvin White, dans les notes du 20 juin 2008.
[107] *The Guardian*, le 7 juillet 2008.

maintenant que « je vous connais tous »[108]. Les autorités lui paraissent-elles finalement plus clémentes ? Moto et Calil l'auraient-ils mal informé, et le président de la Guinée-Équatoriale ne serait-il qu'un être humain, et non un monstre ? Ou bien cherche-t-il simplement à sauver sa peau ? Mais une partie de ses déclarations va jouer contre lui, surtout son aveu d'avoir accepté ce travail uniquement pour l'argent, et parce qu'il avait la conviction que le président devait être renversé, parce que le peuple le désirait. Quoi qu'il en soit, malgré ses expressions de regret et ses révélations, cela n'empêche pas les juges d'ajouter trois ans de prison de plus par rapport à ce que le Ministère public avait exigé. En définitive, on pourrait conclure que l'attitude de Mann a contribué à sa libération anticipée, en novembre 2009. Entretemps, Mann ne se contente pas d'attendre : pendant sa condamnation à Black Beach, il reçoit par trois fois la visite d'agents de police de l'unité antiterrorisme britannique (*Counter Terrorism Command*). Que leur demande-t-il ? Des tentatives pour libérer Mann ont-elles été entreprises, depuis Londres ? A-t-on regroupé de l'argent pour acheter sa liberté ? Les autorités à Malabo sont-elles disposées à accepter ? Cela ne devrait plus avoir d'importance.

Le 2 novembre 2009, un jour avant la visite officielle de Jacob Zuma, le président de l'Afrique du Sud, Mann, Du Toit et trois autres prisonniers, qui se trouvent toujours à Black Beach, sont graciés[109]. Le président Obiang explique qu'il a accepté la demande de Zuma (et cela lui permet de se dégager un peu de sa position très stricte, sans perdre la face) et qu'il a accordé la grâce aux mercenaires. D'un autre côté, il est assez habituel, pour la Guinée-Équatoriale, de gracier des conspirateurs activistes : Plácido Miko, le chef du parti de l'opposition : Convergencia para la Democracia Social, (convergence vers la démocratie sociale), arrêté en 2002 et condamné à quatorze ans de prison, a lui aussi obtenu sa liberté, après une seule année de prison.

---

[108] Témoin oculaire de Melvin White, dans les notes du 20 juin 2008.
[109] Les trois autres sont : George Alerson, Sergio Cardoso et Jose Sundays. Tout comme Du Toit, ils viennent des Forces de défense sud-africaine.

Dans les coulisses de Malabo, on prétend que Zuma a appris un peu plus tard sa propre demande de grâce. C'est-à-dire qu'il n'était pas au courant. Ce mauvais tour ne l'amusa pas beaucoup, mais apparemment il respecta tout de même les raisons d'Obiang. Zuma se sentait indirectement impliqué, puisqu'il s'agissait de quatre Sud-Africains et que Mann était marié à une femme sud-africaine. Sans oublier que Zuma avait essayé d'intercepter Mann et les siens, par l'intermédiaire du *Congreso Nacional Africano* (Congrès national de l'Afrique) et de dirigeants (blancs). Obiang et Zuma s'entendent de mieux en mieux depuis que l'Afrique du Sud a décidé de resserrer ses liens avec les pays pétroliers d'Afrique. Le président de l'Afrique du Sud souhaite que la Guinée-Équatoriale devienne un centre régional pour l'exportation du gaz. En outre, avec Zuma comme allié, Obiang pourra affronter plus facilement ses tensions territoriales avec le Gabon et le Cameroun.

Après quelques complications lors de son voyage de rapatriement, Du Toit retourne finalement en Afrique du Sud, avec son épouse Belinda. Mann, quant à lui, après quatorze mois à Black Beach, regagne l'Angleterre pour y rejoindre sa famille, dans un jet privé obtenu par son frère et sa sœur. Il pourra enfin faire la connaissance de son fils Arthur, né lorsqu'il purgeait sa peine à Harare. Un beau cadeau de Noël... Mais tout le monde n'est pas satisfait de cette fin : les hommes de Mann, eux, ont l'impression que leur riche chef les a abandonnés. En Afrique du Sud, les mercenaires, frustrés, se plaignent : Mann a bénéficié de privilèges qui n'étaient pas accordés aux simples soldats. Mann pouvait se promener à l'air libre, profiter d'une bonne nourriture, et il avait même un vélo de gym...

Qui a peur de Simon Mann ?

Une fois rentré chez lui, à Hampshire, Mann commence à écrire ses mémoires, dont les bénéfices pourraient atteindre, selon les experts de Londres, deux millions de livres sterling[110]. Mann pouvait écrire des articles pour les journaux : *The Daily Mail* et *The Mail on Sunday*, qui n'avaient pas hésité à témoigner de l'intérêt pour cette aventure, lorsque le mercenaire avait été

---

[110] *The Guardian*, le 5 novembre 2008.

remis en liberté. L'éditeur Max Clifford déclare : « C'est une histoire incroyable, non seulement pour l'Angleterre, mais aussi pour le monde entier. Le rôle qu'a joué Mark Thatcher sera un des éléments essentiels. Cela va beaucoup dépendre de ce que Mann peut prouver sur son implication (celle de Thatcher), mais également de ce que l'on aura le droit d'écrire sur ce sujet... C'est même une histoire qui se prête très bien à un documentaire à la télévision, à un livre ou à un film. Si Mann est assez intelligent, cela pourra lui rapporter dix millions de livres sterling dans les cinq prochaines années » conclue Clifford, avec enthousiasme, dans *The Guardian*. Les intérêts médiatiques de Mann ont déjà été confiés à Ian Monk, un vieux renard dans le métier et représentant, en outre, du footballeur Wayne Rooney[111].

Qui a peur de Simon Mann ? Sûrement pas Mark Thatcher, puisqu'il affirme se réjouir de la grâce de Mann, et se sentir soulagé[112]. Calil non plus : il a eu une réaction positive par rapport à la remise en liberté de Mann et il a ajouté : « Simon a déclaré beaucoup de choses différentes pendant son emprisonnement, les conditions étaient très dures... J'espère que nous pourrons en reparler lorsque le moment sera venu... [113] » Severo Moto n'a pas peur non plus, il a sans doute pensé qu'il avait eu affaire à des amateurs. Il s'est montré soulagé du retour de Mann dans le monde civilisé[114]. Nonobstant, un évènement surprenant va encore se produire et cela mettra en évidence l'existence d'un autre personnage, complètement inattendu et qui, lui non plus, n'aurait pas peur de Mann. En juillet 2010, Simon Mann se rend par avion en Guinée-Équatoriale, pour aller discuter avec... le président Obiang. Le sujet des conversations est le suivant : « La vérité sur le coup d'État, dans la bouche de celui qui savait beaucoup mais pas tout, de celui qui cherche à se venger des financiers qui l'ont abandonné à son triste sort. » Mann et Obiang ont-ils trouvé un accord à propos de cette « vérité » ? Obiang admire-t-il secrètement Mann, ou vice versa? Ou bien le président, avant sa démission, souhaite-t-il laisser en

---

[111] Idem.
[112] *Africa Confidential*, le 10 novembre 2009.
[113] Idem.
[114] Idem.

héritage à son peuple la véritable histoire ? Dans ce cas, il faudra qu'il fasse avouer le personnage principal, et qu'il lui parle avec confiance. À Londres, les élites respectables ont dû faire bloc pour protéger leurs intérêts, bien qu'elles se retrouvent dans l'obligation de se détourner d'un des leurs, *un ancien élève d'Eton*. C'est à cela que Max Clifford faisait référence, dans sa phrase : « selon ce qu'ils me laissent écrire ».

III. QUELQUES CONCLUSIONS OBJECTIVES

1. La tentative de coup d'État de mars 2004 semble, à première vue, l'œuvre d'un groupe de mercenaires cherchant surtout à se remplir les poches. Mais le petit nombre de mercenaires, ainsi que la faible quantité d'armes dont ils disposaient, nous indiquent d'autres éléments : l'arrivée de ces mercenaires était une manœuvre de diversion, une sorte de signal pour le début d'une révolution de palais, menée de concert avec une rébellion populaire, dirigée par quelques citoyens détachés de Guinée-Équatoriale. Le président Obiang était parfaitement au courant. Il savait même probablement que le coup d'État était soutenu par des personnes très influentes dans le pays, comme par exemple, (on le découvrira plus tard) deux ministres ainsi que la personne de confiance, le bras droit du président. Par ailleurs, des officiers à des postes très importants dans l'armée et la police, des hommes politiques et des partenaires commerciaux très proches d'Obiang étaient eux aussi impliqués. De nombreux officiers de l'armée et de la police ont été poursuivis en justice après l'échec de la tentative de coup d'État.

2. Le président Obiang a été averti par différentes personnes. Il a été prévenu au moins par Robert Mugabe et par les services secrets d'Afrique du Sud, mais il avait ses raisons pour ne pas laisser voir son jeu : il voulait prendre le temps de surprendre les traîtres dans leur propre cercle. Grâce à une personne, il pourrait en découvrir une autre, et ainsi de suite, que ce soit par hasard ou non. Certains infidèles sont graciés et ils réalisent alors qui détient vraiment le pouvoir.

3. Montrer du doigt les conspirateurs internationaux avait pour but d'apaiser les suspects au sein de la Guinée-Équatoriale. Obiang a fait en sorte de dénoncer l'attitude passive de la Grande-Bretagne et des États-Unis, ainsi que l'attitude active de l'Espagne. Ensuite, il ne restait plus qu'à attendre et voir ce qui allait se passer. C'est ainsi qu'entre 2004 et 2008, il y a eu de nombreuses

surprises, concernant les complices locaux impliqués dans le complot, sciemment ou non.

4. Mais ce qui est sûr, c'est que l'homme choisi pour être le successeur du président Obiang n'est pas du tout Severo Moto – qui s'est autoproclamé président de la Guinée-Équatoriale en exil –, mais qu'il s'agit de Ricardo Mangue, le ministre des Travaux publics et des Infrastructures. Mangue a été justement premier ministre de la Guinée-Équatoriale entre 2006 et 2008, ce qui s'est révélé comme l'une des meilleures couvertures possible... Sa couverture était-elle, pendant tout ce temps, trop visible ? Obiang attendait-il le bon moment pour démasquer véritablement Mangue ? À ce jour, cette question reste encore sans réponse.

5. Comme le montre notre enquête, les autorités de l'Afrique du Sud (ou tout du moins les services secrets) étaient au courant de l'opération. Vers la fin de l'année 2003, les services secrets de l'Afrique du Sud informent Mann et ses hommes qu'ils connaissent leurs plans et leur conseillent de renoncer à cette tentative de coup d'État. Comme les mercenaires n'ont pas renoncé, Johannesburg a prévenu ses homologues du Zimbabwe, qui les ont donc arrêtés lors de leur escale à Harare.

6. Mann était-il vraiment naïf au point d'ignorer que tout le monde était au courant de ses plans ? Pourrait-on dire que l'ensemble de la tentative de coup d'État n'est en fait rien de plus qu'une manière de démasquer l'opposition dans le pays ? Mann aurait-il payé de sa liberté les grandes récompenses promises ?

7. À ce stade, il est impossible de prouver que le président Thabo Mbeki était bien informé de l'opération et qu'il avait prévenu le président Obiang. Le chef des services secrets savait-il ce qui se passait et a-t-il choisi de ne pas en informer le président ? C'est possible. Il est également probable que Mbeki et Mugabe aient déjà abordé le sujet avec Obiang.

8. Dans tous les cas, nous pouvons déduire de notre enquête que les autorités britanniques, dans les plus hautes sphères du pouvoir (le Foreign Office) étaient au courant de cette tentative de coup d'État, au moins depuis le mois de janvier 2004, peut-être même deux mois avant. Même si cela n'a pas été prouvé, Tony Blair avait probablement été informé, peut-être depuis le sommet de l'année 2003 (à propos de la participation à la guerre en Irak) aux Açores, avec José María Aznar et George Bush. Le ministre des Affaires étrangères, Jack Straw, a avoué plusieurs fois, en des termes assez clairs, qu'il était au courant. Son ministère a même prévenu les citoyens britanniques de Guinée-Équatoriale, et un plan d'évacuation a été mis en place. Néanmoins, les Britanniques n'ont pas averti le président Obiang.

9. De la même manière, nous sommes sûrs et certains que les autorités espagnoles savaient qu'un coup d'État était en préparation. Le premier ministre de l'époque, Aznar, a été informé par différentes sources, y compris par le successeur présumé d'Obiang, Severo Moto, et par un des financiers impliqués: Ely Calil. Il serait intéressant de pouvoir interroger, aussi bien José María Aznar qu'Ana Palacio, son ministre des Affaires étrangères.

10. D'après Madrid, il était sans doute question d'une opération pacifique, soutenue par le peuple et par l'armée de la Guinée-Équatoriale. Le commandant en chef des forces armées espagnoles, le roi Juan Carlos I savait très probablement que les bateaux de la Marine espagnole se trouvaient, dans un moment crucial, dans les eaux de la Guinée-Équatoriale. D'autre part, des membres du parlement espagnol, en contact avec Moto, ont raconté par la suite que le coup d'État ne les avait absolument pas surpris, étant donné les bavardages de Moto. L'Espagne n'a rien fait pour prévenir Malabo.

11. (Lorsque nous demandons à des journalistes espagnols s'ils se souviennent du coup d'État, nous sommes très déçus de leur réponse : dans les archives du journal *La Vanguardia*, à Barcelone, par exemple nous ne trouvons

pas d'informations sur le sujet. Le rédacteur en chef pour l'étranger ainsi que son collègue, responsables de la section sur l'Afrique, ignorent tout de cet évènement. La Guinée-Équatoriale ? Ce n'est qu'une insignifiante petite tache sur la carte et un chapitre sans importance de l'histoire de l'Espagne. Non, en fait ils ne savaient presque rien, et ne voulaient pas en savoir plus. Une possible implication du gouvernement ou du palais royal ? Pas à leur connaissance. En outre, ce sujet ne méritait pas qu'on lui accorde plus d'attention. Que l'Espagne ait regardé avec envie les matières premières de son ancienne colonie ne semblait pas du tout les intéresser. Les deux rédacteurs nous ont bien précisé qu'ils préféraient oublier complètement le chapitre de l'Afrique, sauf le Sahara pour lequel, naturellement, l'Espagne lutte encore, avec une sorte de romantisme. Mais l'Espagne n'a pas ce type de lien avec l'Afrique : c'était leur conclusion[115].

12. Nous avons découvert que le ministère de la Défense des États-Unis, connaissait les plans. Mais il n'est pas évident de savoir jusqu'où l'information, ou les bribes d'information, ont pu remonter. L'ancien président, Bush, n'aurait sûrement pas émis d'objections concernant des actions dont le but était de lutter contre ce qu'il appelait des « régimes dictatoriaux » et dont la Guinée-Équatoriale faisait partie. Il est particulièrement important de noter que les autorités américaines ont recommandé aux citoyens des États-Unis de rester chez eux le jour de la date prévue pour le coup d'État. Pourtant, ni le Pentagone, ni le ministère des Affaires étrangères n'ont averti Malabo.

13. Ensuite, aux environs de la date prévue pour le coup d'État, le président Obiang a appris que Riggs, sa banque américaine[116], avait revu les procédures, pour le cas où il

---

[115] Conversations avec Joaquín Luna et Myriam Josa, rédaction de *La Vanguardia*, le 31 août 2010.
[116] Riggs, une des plus anciennes banques des États-Unis, dont le siège central est à Washington DC, a été utilisée par Obiang et son entourage pour y déposer leurs économies. La banque Riggs a suscité beaucoup de controverses, parce qu'elle ne semblait pas vraiment contrôler les transactions et leur confidentialité.

y aurait un changement de pouvoir à Malabo. Jusqu'à ce moment-là, Obiang était persuadé qu'il pourrait, quoiqu'il arrive, utiliser son argent. Et voilà que maintenant, à la suite de cette modification, il ne pouvait plus avoir accès à son capital, s'il n'était plus président. Ses millions seraient destinés à arrêter les instigateurs du coup d'État[117]. Qui a donné cet ordre ? Qui détient le pouvoir et la capacité d'effectuer une telle action, à Washington ? Cette question mériterait bien une réponse...

14. Le rôle joué par la France reste assez flou. Il est possible que Mann et Calil aient été embarqués dans cette affaire, par l'intermédiaire du président du Gabon, Omar Bongo Ondimba, qui était un ami de différents présidents français, comme Valéry Giscard d'Estaing et François Mitterrand. Il est de notoriété publique que les Français eux aussi souhaitaient tirer profit de la Guinée-Équatoriale et qu'Obiang avait décidé de ne pas leur faciliter les choses. Il avait bien vu qu'Elf et Total avaient provoqué beaucoup de ravages au Gabon et au Cameroun, deux pays voisins, détruits par les compagnies pétrolières.

15. Nous n'avons pas pu prouver que les dirigeants des pays cités, ou indirectement impliqués, tels que la Belgique, le Sénégal, Sao Tomé et Principe, le Mali, le Gabon, le Cameroun et d'autres pays africains comme le Nigeria aient été au courant des plans.

16. Le coût total de l'opération a été estimé à 20 millions de dollars. Dans le rôle des investisseurs principaux, on trouve Severo Moto et son protecteur, Ely Calil. Il est sûr et certain qu'ils ont tous les deux investi dans ce coup d'État (pacifique ou non) afin d'en tirer profit. De son côté, Mann a apporté, outre de l'argent de sa poche, d'autres « dons » provenant d'investisseurs tels que Greg Wales, David Tremain, Mark Thatcher (sciemment ou

---

[117] Nicholas Shaxson, *Poisoned Wells. The Dirty Politics of African Oil*, New York, 2007, page 138.

non) et de plusieurs autres. Il n'est pas facile d'obtenir des preuves indiscutables, mais la date ainsi que la description des faits dénoncent leurs contributions financières à ce coup d'État.

17. Le soutien international tacite apporté au coup d'État ne vient pas de la confiance accordée aux mercenaires, mais plutôt de l'information qui a filtré, selon laquelle des personnes influentes, en Guinée-Équatoriale, souhaitaient un nouveau régime. Peut-être que des rumeurs ont suggéré qu'il s'agissait d'une rébellion populaire, et qu'il fallait respecter la volonté du peuple. D'ailleurs, nous avons plusieurs fois entendu des critiques, également dans l'entourage des compagnies pétrolières américaines, à propos du régime du président Obiang. Des insinuations sur l'impossibilité de travailler en Guinée-Équatoriale, à cause du népotisme et du favoritisme.

18. Malgré les allégations du président Obiang [118], nous n'avons pas pu savoir si les compagnies pétrolières américaines étaient informées ou non du coup d'État. Cependant, il est fort probable que les autorités politiques américaines aient pris contact avec des entreprises comme Exxon Mobil, Hess et Marathon pour leur demander si un coup d'État serait avantageux ou non. La réponse à cette question est également assez vague. Mais s'il avait trouvé des preuves irréfutables de leur complicité (financière), le président Obiang aurait sans doute expulsé les groupes pétroliers hors de son pays.

19. D'un point de vue juridique (complice d'un acte terroriste), il semble qu'il y ait une affaire en cours, contre les financiers et les protecteurs qui n'ont pas encore été sanctionnés mais, pour le moment, les autorités de l'Espagne, du Royaume-Uni, du Liban, des

---

[118] Les entreprises multinationales, ayant des activités ici et à l'extérieur, et qui ont contribué à cette opération sont considérées comme nos ennemies. Voir : http://washington times.com/upi-breaking/20040924-052440-8265r.htm

États-Unis et de l'Afrique ne sont pas en cause. Les tentatives des avocats (américains, belges et britanniques) pour poursuivre en justice des individus ou des pays ont été suspendues en 2008, puisque les services secrets espagnols d'un côté et la Chambre des Lords britannique de l'autre ont décidé qu'il n'y avait pas de bases juridiques pour continuer l'enquête. Les juges au Liban, en Afrique du Sud et au Zimbabwe ont également rejeté les demandes de jugement.

20. Les poursuites (supplémentaires) contre Ely Calil, Greg Wales et Mark Thatcher ont elles aussi été suspendues avant que tous les éléments aient été examinés d'un point de vue juridique. Pourtant, avec un nouvel élan juridique on pourrait approfondir les recherches.

21. Dans ce cas, le droit international n'est pas assez efficace. Les autorités de Guinée-Équatoriale ne réalisent pas que même des preuves accablantes ne sont pas suffisantes pour poursuivre en justice les suspects. Si la Justice faisait pression pour que les « archives classées » de Londres, de Madrid et de Washington D.C. puissent être accessibles, de nombreuses autres preuves de complicité seraient révélées au grand jour, également dans le domaine politique. Cependant, à ce jour, l'accès à ces archives reste toujours impossible.

22. D'autre part, il s'avère intéressant d'être particulièrement attentif à l'interprétation des mots et des concepts. Le mot « trahison », ainsi que les concepts de « mal » et de « bien » font habituellement référence à la perception de celui qui regarde : c'est une question d'interprétation individuelle. Toutes ces personnes restent toujours des êtres humains, avec leurs meilleures qualités et leurs pires défauts. L'avarice entraîne la corruption, mais cela ne veut pas dire que l'avarice transforme les personnes en traîtres ou en assassins. Les réflexions pleines de sens d'un président africain ont permis à beaucoup d'éviter la condamnation. Pour d'autres, il a suggéré un châtiment, mais jamais aussi long que celui prononcé par le juge. Ces réactions nous en disent long sur le niveau de civilisation d'un pays que l'Occident considère, sans aucun scrupule, comme moins civilisé. Un dicton judicieux précise : « Que celui qui est innocent jette la première pierre ».

IV DEMARCHES JURIDIQUES : JUSQU'OÙ PEUT-ON ALLER AUJOURD'HUI ?

À la fin du procès contre Mann, le procureur général Olo Obono fit remarquer à l'avocat américain Melvin White qu'il se sentait soulagé que tout soit terminé. Le moment était venu de se tourner vers le « lobby de Londres »[119]. Scotland Yard et les SAS (troupes d'élite britanniques) commencèrent assez rapidement leurs recherches et les avocats avaient tout intérêt à accélérer le mouvement. D'après White, le soulagement d'Olo Obono signifiait beaucoup plus : entre autres, qu'il était persuadé que le coup d'État était prévu, à l'origine, pour être perpétré entre le 17 et le 21 février (comme nous l'avons indiqué ci-dessus) mais qu'il n'a finalement pas eu lieu : « parce que les États-Unis et le Royaume-Uni ont cessé de soutenir le coup d'État... » Il affirme également que les armes (illégales) retrouvées en Guinée-Équatoriale ont été introduites dans le pays par des adeptes de Severo Moto, qui les aurait financées. Pendant le procès contre Mann et ses hommes, il a été répété plusieurs fois que les États-Unis étaient impliqués, ce qui a provoqué une négation de la part de l'ambassadeur américain à Malabo, Donald Johnson. Olo Obono soutient qu'il veut découvrir « toute la vérité » et il encourage les avocats à Londres, Madrid et Washington dans leur travail pour démasquer tous les instigateurs de ce coup d'État. Les maigres résultats obtenus jusqu'ici ne semblent pas atténuer son optimisme.

En 2006, le président Obiang et l'État de Guinée-Équatoriale ont débuté des procédures juridiques contre des personnes et des entreprises, en se basant sur trois accusations : attaque, conspiration et pour « avoir provoqué intentionnellement des dommages, avec des moyens illégaux ». Ces derniers demandent une indemnisation parce qu'ils croient (encore aujourd'hui) que les « futures » victimes des instigateurs du coup d'État ont souffert d'une peur atroce. Ils parlent même de traumatisme. À la suite de la grande confusion (mayhem) qui a vu le jour avec la tentative de coup d'État (ou des rumeurs la concernant), « différentes dépenses ont été engagées par l'État ». La Cour

---

[119] Courrier de M. White, le 23 juin 2008, détenu par l'auteur.

d'Appel et, un peu plus tard, la Chambre des Lords décidèrent que les accusations étaient infondées parce que « de fait, aucun dégât n'avait été constaté sur les bâtiments ou les autres biens du demandeur ». D'après les tribunaux, on pourrait seulement invoquer, éventuellement, une compensation par rapport à ces dommages[120]. Le Tribunal déclara donc que ces réclamations pour dommages généraux, agression et peur, en lien avec ce qui précède, étaient infondées. Selon les juges, il n'est pas possible de parler véritablement de peur, puisque seule l'avant-garde avait réussi à atteindre le pays, et non les hommes avec leurs armes. *The Cambridge Law Journal* a répondu, sous forme de critique. De fait, d'après cet article, la sentence des juges a été trop « rapide » et trop négligée. Ce résultat, défavorable pour la Guinée-Équatoriale, est dû aux lois du droit international, selon lesquelles les chefs d'État étrangers ne peuvent pas, en tant que tels, introduire une requête contre un autre pays, sauf s'ils le font en tant que civils. Et le tribunal de Londres s'est retranché derrière cette maille du filet de la loi. D'après le droit international, les juges britanniques ont, en principe, la possibilité de reconnaître les actes commis hors du territoire national. Mais il s'agit d'une option et non d'une interdiction, comme l'a bien précisé le juriste britannique Alex Mills[121]. Cela voudrait dire qu'au Royaume-Uni, il existe encore la possibilité d'agir, de nouveau, avec un Acte de terrorisme contre des individus et des entreprises situés au Royaume-Uni. En Espagne non plus, les possibilités ne semblent pas encore épuisées.

Selon les autorités, les procédures pourraient être avantageuses pour l'image de la Guinée-Équatoriale. Cependant, même si les suspects étrangers finissaient par comparaître devant un juge, même s'ils étaient condamnés, cela ne résoudrait pas définitivement le problème, puisqu'il reste, dans le pays, beaucoup de suspects qui n'ont pas encore été démasqués.

Ceux qui ont déjà été démasqués peuvent servir d'exemple et d'arme de dissuasion pour ceux qui ont toujours leur couverture. Mais on peut se demander combien de temps ils vont encore tenir... La menace d'une nouvelle tentative de coup d'État pèse

---

[120] Álex Mills, *The Cambridge Law Journal*, vol. 66 (2007, pages 3-6).
[121] Idem.

toujours : elle provient surtout des ennemis de l'intérieur, et non des provocateurs « soi-disant nigérians » un peu insistants, ou bien d'autres pirates qui attaquent, avec plus ou moins de désespoir, une banque ou un palais, avec leur bateau gonflable. Sans doute cette menace empêchera-t-elle de gouverner Malabo avec tranquillité, pendant très longtemps.

ANNEXE I LES NOTES FINALES

2003

i 03/05/04 : déclaration sous serment de Mann ; notes de M. White à partir du témoignage de Mann.
ii 03/05/04 : déclaration sous serment de Mann ; notes de M. White à partir du témoignage de Mann ; déclaration de Mann du 28/05/08
iii Notes de M. White à partir du témoignage de Mann ; déclaration de Mann du 28/05/08
iv 03/05/04 : déclaration sous serment de Mann (Zim) ; notes de M. White à partir du témoignage de Mann ; déclaration de Mann du 28/05/08
v Notes de M. White à partir du témoignage de Mann
vi 03/05/04 Déclaration sous serment de Mann (Zim)
vii 03/05/04 Déclaration sous serment de Mann (Zim)
viii 03/05/04 Déclaration sous serment de Mann (Zim)
ix Déclaration sous serment de Du Toit ; verdict de l'appel en matière criminelle (HOL ap. 2 et point 417
x Résumé des faits pertinents : C. Steyl (HOL Ap.2) ; déclaration de Mann du 28/05/08
xi Notes de M. White à partir du témoignage de Mann
xii Reçus bancaires, Vol. 2, page 166
xiii Reçus bancaires, Vol. 2, pages 047 et 167
xiv Reçus bancaires, Vol. 1, pages 001 et 020
xv Reçus bancaires, Vol. 1, page 024
xvi Reçus bancaires, Vol. 1, pages 002 et 108
xvii Notes de M. White à partir du témoignage de Mann ; déclaration de Mann du 28/05/08
xviii Accord I
xix Accord II
xx Déclaration sous serment de Du Toit.
xxi Reçus bancaires, Vol. 1, pages 002 et 107
xxii Reçus bancaires, Vol. 2, pages 049 et 161
xxiii Reçus bancaires, Vol. 1, page 105
xxiv Reçus bancaires, Vol. 1, pages 003 et 100
xxv Reçus bancaires, Vol. 099
xxvi Reçus bancaires, Vol. 1, pages 003 et 098
xxvii Reçus bancaires, Vol. 1, pages 003 et 094

xxviii	Reçus bancaires, Vol. 1, page 095
xxix	Reçus bancaires, Vol. 1, page 093
xxx	Reçus bancaires, Vol. 2, page 138
xxxi	Reçus bancaires, Vol. 1, page 093
xxxii	Reçus bancaires, Vol. 1, page 087
xxxiii	Reçus bancaires, Vol. 1, page 079
xxxiv	Reçus bancaires, Vol. 1, page 081
xxxv	Résumé des faits pertinents : C. Steyl (HOL Ap.2).
xxxvi	Reçus bancaires, Vol. 1, page 028
xxxvii	R. Miller, « Man on the run » 06/08/08
xxxviii	Déclaration de Mann du 28/05/08
xxxix	Reçus bancaires, Vol. 1, page 017
xl	Reçus bancaires, Vol. 2, pages 154, 206
xli	Reçus bancaires, Vol. 1, page 078
xlii	Reçus bancaires, Vol. 1, page 077
xliii	Reçus bancaires, Vol. 1, page 017
xliv	Reçus bancaires, Vol. 2, page 154
xlv	Reçus bancaires, Vol. 2, page 206
xlvi	Accord de financement des projets
xlvii	Reçus bancaires, Vol. 2, pages 051 et 205
xlviii	Reçus bancaires, Vol. 2, page 203
xlix	Reçus bancaires, Vol. 2, page 202
l	Reçus bancaires, Vol. 1, page 072
li	Reçus bancaires, Vol. 2, pages 054 et 207
lii	Résumé des faits pertinents : C. Steyl (HOL Ap.2).
liii	Reçus bancaires, Vol. 2, page 197
liv	Reçus bancaires, Vol. 2, page 198
lv	Reçus bancaires, Vol. 1, page 071
lvi	Reçus bancaires, Vol. 2, page 196
lvii	Reçus bancaires, Vol. 1, page 029
lviii	Déclaration sous serment du 03/05/04 (Zim)
lix	Reçus bancaires, Vol. 2, page 189
lx	Reçus bancaires, Vol. 2, page 191
lxi	Reçus bancaires, Vol. 2, page 188
lxii	Reçus bancaires, Vol. 2, page 190
lxiii	Reçus bancaires, Vol. 2, page 192
lxiv	Reçus bancaires, Vol. 2, page 193
lxv	Reçus bancaires, Vol. 2, page 186

2004

lxvi	Notes de M. White à partir du témoignage de Mann
lxvii	Déclaration sous serment de Du Toit.
lxviii	Résumé des faits pertinents : C. Steyl (HOL Ap.2).
lxix	Notes de M. White à partir du témoignage de Mann ; déclaration de Mann du 28.05.03
lxx	Résumé des faits pertinents : C. Steyl (HOL Ap. 2)
lxxi	Résumé des faits pertinents : C. Steyl (HOL Ap. 2 et point 417)
lxxii	R. Miller, « Man on the run », 06/08/08
lxxiii	R. Miller, « Man on the run », 06/08/08
lxxiv	Déclaration de Du Toit (2ème déclaration, du 25/03/04)
lxxv	Résumé des faits pertinents : C. Steyl (HOL Ap. 2)
lxxvi	Résumé des faits pertinents : C. Steyl (HOL Ap. 2)
lxxvii	Résumé des faits pertinents : Lourens Jacobus Horn
xxviii	Déclaration de Mann du 28/05/08
lxxix	Devis (HOL Ap. Partie III)
lxxx	Accord de sous-traitance, Verdict de l'appel en matière criminelle (HOL Ap.2 au point 419), déclaration de Mann du 28/05/08
lxxxi	Résumé des faits pertinents : C. Steyl (HOL Ap. 2)
lxxxii	Résumé des faits pertinents : C. Steyl (HOL Ap. 2)
xxxiii	Reçu bancaire de Natexis (HOL Ap. 2 et point 390)
xxxiv	Déclaration de Mann du 28/05/08
lxxxv	Résumé des faits pertinents : C. Steyl (HOL Ap. 2)
lxxxvi	Reçus bancaires, Vol. 2, pages 057 et 132
xxxvii	Reçus bancaires, Vol. 2, page 137
xxviii	Résumé des faits pertinents : C. Steyl (HOL Ap. 2)
xxxix	Reçus bancaires, Vol. 1, page 030
xc	Reçus bancaires, Vol. 1, pages 080, 031
xci	Reçus bancaires, Vol. 1, pages 007 et 032, Déclaration de Mann du 28/05/08
xcii	Reçus bancaires, Vol. 1, page 032
xciii	Reçus bancaires de la Banque Natexis (HOL Ap. 2 et point 391)
xciv	Résumé des faits pertinents : C. Steyl (HOL Ap. 2)
xcv	Reçus bancaires, Vol. 1, pages 008, 033
xcvi	Reçus bancaires, Vol. 2, page 131
xcvii	Reçus bancaires, Vol. 2, pages 057, 130

xcviii	Reçus bancaires, Vol. 1, page 034
xcix	Reçus bancaires, Vol. 2, pages 057, 129
c	Reçus bancaires, Vol. 2, pages 057, 128
ci	Reçus bancaires, Vol. 2, pages 058, 118
cii	Réponses de Jack Straw à propos de la Guinée-Équatoriale (12/01/04)
ciii	Résumé des faits pertinents : J.H.A. Carlse
civ	Résumé des faits pertinents : Jacob Hermanus Albertus Carlse.
cv	Résumé des faits pertinents : C. Steyl (HOL Ap. 2)
cvi	Reçus bancaires, Vol. 2, pages 58, 120
cvii	Reçus bancaires, Vol. 2, pages 58, 122
cviii	Reçus bancaires, Vol. 2, pages 58, 123
cix	Reçus bancaires, Vol. 2, pages 58, 124
cx	Reçus bancaires, Vol. 1, pages 40
cxi	Reçus bancaires, Vol. 1, pages 9, 35
cxii	Reçus bancaires, Vol. 1, pages 9, 37
cxiii	Reçus bancaires, Vol. 1, pages 9, 41
cxiv	Reçus bancaires, Vol. 1, page 10
cxv	Reçus bancaires, Vol. 1, pages 10 et 44, déclaration de Mann du 28/05/08
cxvi	Reçus bancaires, Vol. 1, pages 45
cxvii	Reçus bancaires, Vol. 1, pages 9,46
cxviii	Reçus bancaires, Vol. 1, pages 10, 46
cxix	Résumé des faits pertinents : C. Steyl (HOL Ap. 2)
cxx	Reçus bancaires, Vol. 1, pages 10, 47
cxxi	Reçu bancaire de Natexis (HOL Ap. 2 et point 392)
cxxii	Reçus bancaires, Vol. 1, pages 50
cxxiii	Reçus bancaires, Vol. 1, pages 10, 49
cxxiv	Résumé des faits pertinents : C. Steyl (HOL Ap. 2)
cxxv	Notes de M. White à partir du témoignage de Mann
cxxvi	Miller, « Man on the run », 06/08/08
cxxvii	Verdict de l'appel en matière criminelle en Guinée-Équatoriale (HOL Ap. 2 et point 405)
cxxviii	Verdict de l'appel en matière criminelle en Guinée-Équatoriale (HOL Ap. 2 et point 407)
cxxix	Reçus bancaires, Vol. 1, page 53
cxxx	Reçus bancaires, Vol. 1, page 51
cxxxi	Reçus bancaires, Vol. 1, pages 12, 55 et reçu bancaire de Natexis (HOL Ap.2 au point 393)

cxxxii	Reçus bancaires, Vol. 1, page 56
cxxxiii	Reçus bancaires, Vol. 1, page 12
cxxxiv	Reçus bancaires, Vol. 1, pages 12, 54
cxxxv	Reçus bancaires, Vol. 1, page 57
cxxxvi	Reçus bancaires, Vol. 1, page 58
cxxxvii	Reçus bancaires, Vol. 1, page 59
cxxxviii	Reçus bancaires, Vol. 1, page 62
cxxxix	Reçus bancaires, Vol. 1, pages 13, 60
cxl	Reçus bancaires, Vol. 1, pages 13, 64
cxli	Déclaration sous serment de Du Toit ; verdict de l'appel en matière criminelle en Guinée-Équatoriale (HOL Ap. 2 et point 405.
cxlii	Déclaration sous serment de Du Toit.
cxliii	Channel 4 Timeline; Miller, « Man on the Run », 06/08/08
cxliv	Verdict de l'appel en matière criminelle en Guinée-Équatoriale (HOL Ap. 2 et point 405)
cxlv	Lettre de Kwenda à Page (HOL Ap. 2)
cxlvi	Déclaration de Mann du 09.12.04
cxlvii	Déclaration d'A. Kerman (HOL Ap. 2)
cxlviii	Channel 4 timeline
cxlix	Reçus bancaires, Vol. 1, page 5
cl	Reçus bancaires, Vol. 1, page 5
cli	Reçus bancaires, Vol. 1, page 6
clii	Reçus bancaires, Vol. 1, page 7
cliii	Reçus bancaires, Vol. 2, page 53
cliv	Reçus bancaires, Vol. 2, page 55
clv	Reçus bancaires, Vol. 2, page 55
clvi	Reçus bancaires, Vol. 2, page 55
clvii	Reçus bancaires, Vol. 2, page 54
clviii	Reçus bancaires, Vol. 2, page 55
clix	Déclaration signée par Mann, le 12/09/04
clx	Deuxième acte notarié de Mann (HOL Ap. 2)

2008

clxi	"The Old Etonian", *The Times*, 06/12/08
clxii	Channel 4 timeline
clxiii	"The Old Etonian", *The Times*, 06/12/08
clxiv	18-06-2008 Martin Fletcher Article
clxv	"The Old Etonian", *The Times*, 06/12/08

clxvi	Channel 4 timeline
clxvii	www.channel4.com
clxviii	06/16/08, article : "The Equatorial Guinea coup plot – a timeline"
clxix	06/17/08, article de Fletcher "The Old Etonian, the dogs of war…"
clxx	06/18/08, article de Govan 'Mann Faces 32 Years in Jail'

ANNEXE II   PERSONNAGES PRINCIPAUX

Archer, Jeffrey Howard (Lord) – Romancier, membre du Parlement britannique et ami d'Ely Calil. Figurant sur la liste de la Guinée-Équatoriale, il fait partie des 16 personnes impliquées dans la tentative de coup d'État de 2004. Il semblerait qu'il ait déposé 74 000 livres sur le compte bancaire de Mann avant le coup d'État, même s'il nie toute implication concernant l'argent ou le complot et même s'il prétend ne pas connaître Mann et n'avoir eu aucune relation avec Ely Calil. *Source(s) : presse ; liste officielle de Guinée-Équatoriale des personnes impliquées.*

Augusto, Abel – Partenaire commercial de du Toit, chargé par ce dernier de se rendre avec Cardoso dans le golfe de Guinée (Gabon, Guinée-Équatoriale et Cameroun), en juin 2003, pour se renseigner sur les opportunités commerciales, en particulier dans l'industrie de la pêche. Masoko les présente au ministre Antonio Javier, qui est également le conseiller particulier du président Obiang. Obiang accepte leur proposition d'investissement et les présente à Armengol (le frère d'Obiang). *Source(s) : déclaration sous serment de Du Toit.*

Aznar, José María – Ancien premier ministre d'Espagne (1996-2004). Suspecté d'avoir soutenu le coup d'État. Mann pense qu'Aznar aurait investi de l'argent dans le coup d'État, sans doute via une de ses fondations (FAS). En 2003, il reconnaît de manière officielle le gouvernement en exil de Guinée-Équatoriale. *Source(s) : presse ; déclaration de Mann du 28/05/08.*

Boonazier, Martinus Gerhardus (« Bones ») – Ancien sergent dans l'armée d'Afrique du Sud. Il a travaillé pour Du Toit en Guinée-Équatoriale et il a été arrêté le 8 mars 2004 avant de perpétrer le coup d'État. *Source(s) : déclaration sous serment de Du Toit.*

Bush, George – Ancien président des États-Unis (2000-2008). En 2003, M. Bush aurait persuadé l'Espagne de participer à la guerre contre l'Irak. Sous sa présidence, le Pentagone entretenait des relations avec une ou plusieurs personnes qui ont été impliquées dans la tentative de coup d'État. *Source(s) : verdict de l'appel en matière criminelle en Guinée-Équatoriale (HOL point 404); déclaration de Mann, 28/05/08, au point 40.*

Calil, Ely Claude Allan – Surnommé : « Smelly ». Millionnaire d'origine libanaise, actuellement citoyen britannique. Il figure sur la liste de Guinée-Équatoriale comme l'une des 16 personnes impliquées dans la tentative de coup d'État de 2004. Il s'est consacré à l'industrie émergente du pétrole brut au Nigeria, où il a fait fortune. Son activité consiste à fabriquer des piles et à vendre des camions. Sa valeur est estimée à plus de 100 millions de livres. Il est propriétaire de différentes maisons, à Londres, à Beyrouth, à Lagos (Nigeria) et en Suisse. Marié trois fois, il a cinq enfants. *Source(s) : liste officielle de Guinée-Équatoriale des personnes impliquées ; presse ; déclaration sous serment de Mann du 05/03/04 ; déclaration de Mann du 28/05/08.*

Cardoso, Sergio Fernando Patricio – Partenaire commercial de Du Toit, chargé par ce dernier de se rendre avec Abel Augusto dans le golfe de Guinée (Gabon, Guinée-Équatoriale et Cameroun), en juin 2003, pour se renseigner sur les opportunités commerciales, en particulier dans l'industrie de la pêche. Masoko les présente au ministre Antonio Javier, qui est également le conseiller particulier du président Obiang. Obiang accepte leur proposition d'investissement et les présente à Armengol (le frère d'Obiang). *Source(s) : déclaration sous serment de Du Toit.*

Carlse, Jacob Hermanus Albertus (Harry) – Surnommé « the Enforcer » : le costaud, spécialiste des armes russes, c'est un ancien membre des Forces de défense sud-africaine (SANDF). Il a fait partie des Forces spéciales où il a rencontré Du Toit en 1980. Il a créé avec Horn, un autre complice présumé, une entreprise de surveillance et de sécurité (qui est active en Irak). Lorsqu'il a compris à quel point les services d'ambulance aérienne étaient indispensables en Irak, il s'est impliqué dans la préparation du coup d'État. C'est lui qui dirigeait la révision des armes et des munitions fournies par la ZDI (Industries de Défense du Zimbabwe). *Source(s) : résumé des faits pertinents : Jacob Hermanus Albertus Carlse ; déclaration sous serment de Du Toit ; déclaration de Mann du 28/05/08.*

Dube, Tshinga (Coronel) – Associé des Industries de Défense du Zimbabwe (ZDI). Il a rencontré Mann et Du Toit lors d'une réunion pour organiser/coordonner les demandes et les achats d'armes. *Source(s) : déclaration sous serment de Mann du 05/03/04.*

Du Toit, Nick (Servaas, Nicolaas) – Ancien commandant des Forces de défense sud-africaine (SANDF). Principal complice de Mann. Son rôle consistait à aider au recrutement des mercenaires et à apporter un soutien logistique en Guinée-Équatoriale. Il était directeur de Triple Option Trading 610 CC, société impliquée dans le financement et la mise à disposition d'avions. *Source(s) : presse ; déclaration sous serment de Du Toit ; déclaration de Mann du 05/03/04 ; notes de M. White à partir du témoignage de Mann ; déclaration sous serment de Du Toit (03/10/04) ; budget/bon d'achat (10/02/04); verdict de l'appel en matière criminelle en Guinée-Équatoriale (HOL ap. 2 point 410).*

Egeling, Chris – Un des trois pilotes engagés pour le coup d'État planifié (les autres étaient JC Linde et Johan Vermaak), *Source(s) : résumé des faits pertinents : C. Steyl (HOL ap. 2 point 410).*

Fallaha, Karim – Partenaire libanais de Calil et directeur de la société Asian Trading Co. Il figure sur la liste de Guinée-Équatoriale comme l'une des 16 personnes impliquées dans le coup d'État de 2004 (pour avoir financé le coup d'État). *Source(s) : presse, verdict de l'appel en matière criminelle en Guinée-Équatoriale (HOL Ap. point 404); déclaration de Mann du 28/05/08 ; liste officielle de Guinée-Équatoriale des personnes impliquées.*

Garstin, Patrick – En lien avec les paiements relatifs au coup d'État. Il figure sur la liste de Guinée-Équatoriale comme l'une des 16 personnes impliquées dans le coup d'État de 2004. Fin janvier 2004, il a investi 69 969 dollars dans la société Logo Ltd. *Source(s) : liste officielle de Guinée-Équatoriale des personnes impliquées ; registres bancaires vol. 1. 034.*

Hersham, Gary – Agent immobilier à Londres et ami de longue date de l'épouse de Mann. Il figure sur la liste de Guinée-Équatoriale comme l'une des 16 personnes impliquées dans le coup d'État de 2004 (suspecté d'avoir financé le coup d'état). Il est accusé d'avoir fourni des capitaux pour financer le coup d'État, même s'il nie avoir investi de l'argent et avoir eu connaissance de ce dernier. *Source(s) : liste officielle de Guinée-Équatoriale des personnes impliquées ; déclaration sous serment de Mann du 05/03/04 ; notes de M. White à partir du témoignage de Mann ; déclaration sous serment de Mann du 05/03/04 ; notes de M. White à partir du témoignage de Mann ; presse.*

Heyns, Paul – Ami commun de Mann et de Du Toit, décédé. Heyns était le partenaire de Du Toit pour les Services Techniques militaires. *Source(s) : Déclaration sous serment de Du Toit.*

Horn, Lourens Jacobus – Membre du Service de Police d'Afrique du Sud. Il a fait partie des Forces spéciales qui ont effectué des travaux de sécurité à l'étranger et il a fondé la société MTS : Meteoric Tactical Solutions, en s'associant avec Carlse. Son rôle était d'aider à recruter les mercenaires. Il a été arrêté avec Carlse et Mann, tandis qu'ils vérifiaient des armes dans un hangar de l'aéroport de Harare. *Source(s) : Résumé des faits pertinents : Jacob Hermanus Albertus Carlse.*

Kershaw, James – Il était le comptable de Mann pour tout ce qui concernait le coup d'État. Il était en charge de tous les préparatifs financiers du projet, y compris les virements pour Mann. Figurant sur la liste de Guinée-Équatoriale comme l'une des 16 personnes impliquées dans le coup d'état de 2004, il était présent à la plupart des réunions de préparation du coup d'État et il a reçu de nombreux paiements des sociétés Logo Ltd. et Systems Design Ltd. mais n'a pas investi de fonds dans l'opération. *Source(s) : liste officielle de Guinée-Équatoriale des personnes impliquées ; Résumé des faits pertinents : Lourens Jacobus Horn ; déclaration de Du Toit (2^a déclaration du 25/03/04); déclaration de Mann du 28/05/08.*

Linde, J.C. – Sud-Africain spécialiste des hélicoptères. Son cousin, Crause Steyl, l'a contacté pour essayer un hélicoptère qui allait être utilisé lors du coup d'État. *Source(s) : résumé des faits pertinents : C. Steyl (HOL ap. 2).*

Mandelson, Peter – Commissaire de l'Union européenne au commerce. Ami d'Ely Calil, il est suspecté d'avoir organisé des réunions avec lui après la tentative de coup d'État. Il nie toute implication ou délibération dans le coup d'État ou en lien avec le coup d'État. Il a aussi été locataire d'un appartement de Calil à Londres. *Source(s) : presse.*

Mangue Obama Mfubea, Ricardo – Ministre et Secrétaire général au moment du coup d'État. Il est resté premier ministre depuis 2006 jusqu'à ce que l'on soupçonne son implication dans les faits. Après avoir été accusé, en 2008, de conspiration contre le gouvernement, il est maintenant à la retraite et vit dans son village natal. *Source(s) : entretien de l'auteur avec Juan Olo Obono et le président, en mai 2010.*

Mann, Simon – surnommé « Capitaine F ». Bien qu'il soit l'héritier d'une famille aisée, Mann préfère suivre son propre chemin. Ancien officier des troupes d'élite britanniques (SAS), il est l'un des fondateurs d'Executive Outcomes (société militaire privée). Figurant sur la liste de Guinée-Équatoriale comme l'une des 16 personnes impliquées dans la tentative de coup d'état de 2004, il est, selon les procureurs de Malabo, le cerveau ou la « tête pensante » du coup d'État, comme l'a appelé le procureur José Olo Obono. Il nie avoir été « l'architecte » du coup d'État et assure qu'il n'a été que « le gérant » du projet. *Source(s) : déclarations et presse.*

Masoko Abegue, Agustín – Associé de la société Triple Option Trading 610CC. Il a présenté Augusto et Cardoso (envoyés par l'entreprise de pêche de Du Toit) au ministre Antonio Jiménez (conseiller particulier du président Obiang) et au frère d'Obiang.

Tous les deux ont accepté la proposition d'investissement dans la pêche. *Source(s) : déclaration sous serment de Du Toit.*

Merz, Gerhard – Expert en aviation, fournisseur d'armes chimiques et partenaire de Du Toit dans la société Panaca, une petite entreprise d'aviation fondée à Malabo. *Source(s) : recherches effectuées par l'auteur.*

Moawad, Henry – Président du groupe Asian Trading & Investment Group. Figurant sur la liste de Guinée-Équatoriale comme l'une des 16 personnes impliquées dans le coup d'État de 2004, il a, paraît-il, signé un contrat d'investissement, au nom d'Asian Trading, avec la société Logo Logistics Ltd. *Source(s) : liste officielle de Guinée-Équatoriale des personnes impliquées ; moments de rencontre avec les actionnaires (le 27/06/03) (HOL Ap. 2).*

Molteno, Alex – Un des pilotes impliqués dans le coup d'État. Il a été engagé par Crause Steyl. *Source(s) : résumé des faits pertinents : C. Steyl (HOL ap. 2).*

Morgan, Nigel – Il aurait financé le coup d'État. Figurant sur la liste de Guinée-Équatoriale comme l'une des 16 personnes impliquées dans le coup d'État de 2004, il a travaillé pour l'Agence nationale de renseignements de l'Afrique du Sud et il a donc été impliqué lors du jugement de Du Toit. *Source(s) : liste officielle de Guinée-Équatoriale des personnes impliquées ; notes de M. White à partir du témoignage de Mann ; déclaration de Mann du 28/05/08 ; verdict de l'appel en matière criminelle en Guinée-Équatoriale (HOL Ap. point 404); déclaration de Mann du 28/05/06.*

Moto Nsa, Severo – Chef de l'opposition en exil à Madrid, il est considéré en général comme un remplaçant potentiel et crédible du « maladif » président Obiang. Il figure sur la liste de Guinée-Équatoriale comme l'une des 16 personnes impliquées dans le coup d'État de 2004 et il semblerait qu'il s'entende plutôt bien avec Aznar, l'ancien président du gouvernement d'Espagne. En décembre 2005, le gouvernement espagnol lui retire le droit d'asile politique, mais après avoir fait appel, la Haute Cour le lui accorde de nouveau en 2008. Moto est arrêté en Espagne en avril

2008, à cause des armes qui auraient été envoyées en Guinée-Équatoriale. *Source(s) : liste officielle de Guinée-Équatoriale des personnes impliquées ; presse ; Accord n°1 ; Accord n°2 ; verdict de l'appel en matière criminelle en Guinée-Équatoriale (HOL Ap. 2 point 405); Haute Cour d'Espagne ; presse.*

Mutize, Hope (Capitaine) – Associé pour l'approvisionnement en armes et en munitions en vue du coup d'état. Il connaissait Mann et Du Toit et a signé deux accords avec eux. *Source(s) : déclaration sous serment de Mann du 05/03/04.*

Nguema Nchama Antonio, Javier – Conseiller particulier du président Obiang. Il était d'accord avec le projet d'entreprise de pêche d'Augusto et de Cardoso et il les a présentés à Armengol, le frère d'Obiang, qui a approuvé la proposition. Il est associé de la société Triple Option Trading 610 CC. *Source(s) : déclaration sous serment de Du Toit ; déclaration de Mann du 28/05/0.*

Obiang Nguema Mbasogo, Teodoro (Colonel) – Président de la Guinée-Équatoriale depuis qu'il a renversé son terrible oncle Macías Nguema en 1968, grâce à un coup d'État.

Nze Obiang, Gabriel (« Général Zaragoza ») – Ancien officier chef des Forces de sécurité du président. Il a participé, avec Calil, Moto et Mann, aux premières réunions de préparation du coup d'État, en Espagne. Il a également fourni des cartes à Mann : le plan du palais Africa, à Bata et le plan du centre-ville de Malabo. Il prétend qu'Obiang a tenté de violer, en sa présence, son ex-épouse. Il vit en exil en Espagne et soutient Moto. *Source(s) : Déclaration sous serment de Mann du 05/03/04. ; Déclaration de Mann du 28/05/07.*

Olo Obono, José – Procureur général lors des interrogatoires de Malabo (en 2008). Il a embauché le cabinet d'avocats McDermott, Will & Emery, dont le siège social est à Washington DC, afin d'aider à préparer l'affaire contre Simon Mann, à Malabo et de voir s'il était possible d'entamer une action en justice contre le gouvernement britannique, du fait de son implication dans le coup d'État. Il est l'ancien président de la Haute Cour de Guinée-Équatoriale. *Source(s) : entretien avec l'auteur, en mai 2010 ; presse.*

Ondo Nguema, Armengol – Frère du président Obiang et Directeur de la Sécurité nationale. Il a pris part à une réunion organisée avec Du Toit et le ministre Antonio Nchama, pour parler de la proposition de Du Toit de créer une entreprise de pêche. Il est également associé de la société Triple Option Trading 610 CC. *Source(s) : déclaration sous serment de Du Toit.*

Page, Henry – Détective privé et conseiller de la Guinée-Équatoriale, il est basé à Paris. Il a révélé que Mann et Thatcher entretenaient de fréquentes conversations téléphoniques les jours précédant la tentative de coup d'État. En avril 2004, Mann a reconnu ces faits dans une déclaration au Zimbabwe (le ministre de l'Intérieur de Guinée-Équatoriale était présent ce jour-là). *Source(s) : article écrit par Miller : « Man on the Run » le 06/08/08 ; déclaration de Kerman (HOL Ap. 2).*

Salaam, Mohamed – Cadre libanais arrivé en Guinée-Équatoriale en 2000, Mohamed Salaam est devenu le confident du président Obiang. Son entreprise, Saba America, avait pour objectif d'amorcer une nouvelle ère dans les relations entre la Guinée-Équatoriale et les États-Unis. Il était l'une des taupes du coup d'État, puisqu'il communiquait des informations essentielles aux comploteurs. *Source(s) : notes de M. White à partir du témoignage de Salaam ; notes de M. White à partir du témoignage de Mann ; déclaration de Mann du 28/05/08 ; déclaration de Salaam.*

Sánchez, Antonio – Cadre supérieur et conseiller de Calil. Il a assisté à la première rencontre entre Mann et Moto ; Calil, Fallaha et Henry Moawad étaient également présents avec lui. *Source(s) : notes de M. White à partir du témoignage de Mann ; déclaration de Mann du 28/05/08.*

Smith, Johann – Nationaliste sud-africain. Il affirme avoir communiqué aux services des renseignements britanniques, en décembre 2003 et en janvier 2004, une note contenant tous les détails des plans du coup d'État. *Source(s) : réponses concernant la Guinée-Équatoriale de Jack Straw, ministre des Affaires étrangères du Royaume-Uni, (01/12/04).*

Spanoyannis, George – Associé. Il a effectué des paiements pour le coup d'État. La société Logo Ltd. lui a versé deux fois la somme de 50 000 dollars en janvier 2004. *Source : reçus bancaires, Vol.1.*

Spicer, Tim – Ancien officier de la Garde écossaise. Outre le fait qu'il ait été impliqué dans le coup d'État, il est l'un des mercenaires les plus connus du Royaume-Uni. *Source(s): presse.*

Steyl, Neil – Frère de Crause Steyl. Il a été engagé pour faire exploser le Boeing 727 qui a fait escale à l'aéroport de Harare en mars 2004, et qui est à l'origine de l'arrestation de Mann. *Source(s) : déclaration de Mann du 28/05/08 au point 40.*

Steyl, Molteno Crause – Pilote d'avion, il avait déjà travaillé avec Mann dans plusieurs opérations. Il a été recruté par Mann en Afrique du Sud. Figurant sur la liste de Guinée-Équatoriale comme l'une des 16 personnes impliquées dans le coup d'état de 2004, il a acheté une entreprise de service d'ambulance aérien : Air Africa (Triple A). *Source(s) : liste officielle de Guinée-Équatoriale des personnes impliquées ; R. Miller (« Man on the Run » 08/06/08) accord de répartition des bénéfices et de ce qui s'y rapporte ; déclaration de Mann du 28/05/08 ; résumé des faits pertinents: C. Steyl (HOL Ap.2).*

Straw, Jack – Ministre des Affaires étrangères britannique, dans le gouvernement de Tony Blair. Il connaît les plans du coup d'État et, après avoir nié un certain temps, il a fini par admettre les faits.

Thatcher, Mark – Surnommé « Scratcher », il est le fils de Margareth Thatcher, l'ancien premier ministre britannique. Il figure sur la liste de Guinée-Équatoriale comme l'une des 16 personnes impliquées dans le coup d'État de 2004 et il a été recruté par Mann pour financer le coup d'État. En 2005, la Haute Cour d'Afrique du Sud l'a condamné à une amende de 265 000 livres et à 4 ans de prison avec sursis (pour violation de la loi anti-mercenaires). *Source(s) : liste officielle de Guinée-Équatoriale des personnes impliquées ; résumé des faits pertinents ; déclaration de Mann du 28/05/08 ; The Times (17/06//08); accord de répartition des bénéfices de la société*

Triple A Aviation & MT et correspondance ; extraits du témoignage en audience publique de Mann pour Channel 4.

Tremain, David – Cadre sud-africain résidant en Grande-Bretagne, il aurait financé le coup d'État. Associé de la société Hermitage Securities Limited qui a réalisé deux transferts de 150 000 dollars à Logo Ltd. Il figure sur la liste de Guinée-Équatoriale comme l'une des 16 personnes impliquées dans le coup d'État de 2004. *Source(s) : liste officielle de Guinée-Équatoriale des personnes impliquées ; presse.*

Vermaak, Johan – Un des trois pilotes d'avion prévus pour le coup d'État (les autres étaient J.C. Linde et Chris Egeling). *Source(s) : résumé des faits pertinents : C. Steyl (HOL Ap. 2).*

Wales, Gregory – Associé de la Sherbourne Foundation. Cadre de Londres identifié par la Guinée-Équatoriale comme l'une des 16 personnes impliquées dans le coup d'État de 2004. Gregory Wales et son organisation, la Fondation Sherbourne, ont reçu de nombreux transferts d'argent de la part de Logo Ltd et de Systems Design (détenues par Mann). *Source(s) : liste officielle de Guinée-Équatoriale des personnes impliquées ; reçus bancaires ; presse ; notes de M. White à partir du témoignage de Mann ; déclaration de Mann du 28/05/08.*

ANNEXE III ENTREPRISES ET ORGANISATIONS IMPLIQUEES DANS LA TENTATIVE DE COUP D'ETAT

Ambulance Air – Fait partie des 15 entreprises ou entités impliquées dans le coup d'État, selon la liste établie par la Guinée-Équatoriale. Cette entreprise a prêté, pendant trois mois, un hélicoptère à Triple A Aviation, grâce aux fonds prêtés à Triple A Aviation par Mark Thatcher. *Source(s) : liste officielle de Guinée-Équatoriale des personnes impliquées ; accord de répartition des bénéfices de Triple A Aviation & MT et correspondance.*

Ambulance Air – Fait partie des 15 entreprises ou entités impliquées dans le coup d'État, selon la liste établie par la Guinée-Équatoriale. *Source(s) : liste officielle de Guinée-Équatoriale des personnes impliquées.*

CC Asian Logistics GMBH – Fait partie des 15 entreprises ou entités impliquées dans le coup d'État, selon la liste établie par la Guinée-Équatoriale. *Source(s) : liste officielle de Guinée-Équatoriale des personnes impliquées.*

Asian Trading Investment Group – Entreprise coopérant avec Karim Fallaha, elle fait partie des 15 entreprises ou entités impliquées dans le coup d'État, selon la liste établie par la Guinée-Équatoriale. L'entreprise a concédé à Logo Logistics Ltd. un emprunt de 5 millions de dollars pour faire des estimations et lancer des activités minières, de pêche, d'aviation, de location d'hélicoptères et des projets de sécurité et de contrôle dans différents pays. *Source(s) : liste officielle de Guinée-Équatoriale des personnes impliquées ; accord d'investissement entre Logo Logistics et Asian Trading Inv.*

BAT – Entreprise de surveillance d'Amérique du Nord dont le siège est à Houston, au Texas. Elle a envoyé une offre pour un projet lié à la pêche (entre 2001 et 2002). Vers le milieu de l'année 2003, Calil demanda à Mann de préparer une proposition d'offre, similaire à celle de la BAT, qui devra être envoyée au ministère de la Pêche de la Guinée-Équatoriale. *Source(s) : déclaration de Mann du 28/05/08.*

Bristol West International Ltd. – Fait partie des 15 entreprises ou entités impliquées dans le coup d'État, selon la liste établie par la Guinée-Equatoriale. *Source(s) : liste officielle de Guinée-Équatoriale des personnes impliquées.*

Capital Trust Co. of Delaware – Fait partie des 15 entreprises ou entités impliquées dans le coup d'État, selon la liste établie par la Guinée-Equatoriale. *Source(s) : liste officielle de Guinée-Équatoriale des personnes impliquées.*

Central Asian Logistics – Fait partie des 15 entreprises ou entités impliquées dans le coup d'État, selon la liste établie par la Guinée-Équatoriale. Entreprise allemande, dirigée par Thomas Rinnert et gérée par Gerard Mertz Eugen. Elle a loué en leasing l'avion Antonov. Il était spécifié dans le contrat de leasing que la base de l'appareil serait la Guinée-Équatoriale, et que l'avion serait exploité commercialement pour le transport de marchandises au sein du continent africain. *Source(s) : liste officielle de Guinée-Équatoriale des personnes impliquées ; verdict de l'appel en matière criminelle en Guinée-Équatoriale (HOL Ap. 2 point 41 3).*

Chenshia Holdings Ltd. – Entreprise coopérant avec Chen Da Ding, elle fait partie des 15 entreprises ou entités impliquées dans le coup d'État, selon la liste établie par la Guinée-Équatoriale. *Source(s) : liste officielle de Guinée-Équatoriale des personnes impliquées.*

East Asian Trading – Entreprise libanaise, en lien avec Calil. Elle est utilisée pour acheminer les fonds nécessaires afin de renverser Obiang. Calil nie toute relation avec East Asian Trading, il prétend même ne pas connaître cette entreprise. *Source(s) : presse.*

Executive Outcomes – Organisation mercenaire créée par Mann. Anciens membres recrutés pour le coup d'État, mais qui n'ont pas de lien direct avec le coup d'État. *Source(s) : presse.*

Hermitage Securities Limited – Entreprise coopérant avec David Tremain, elle fait partie des 15 entreprises ou entités impliquées dans le coup d'État, selon la liste établie par la Guinée-Équatoriale. *Source(s) : liste officielle de Guinée-Équatoriale des personnes impliquées.*

HSBC - Mark Thatcher avait un compte bancaire étranger, à Jersey, à partir duquel il a transféré, en janvier 2004, la somme de 20 000 dollars sur un compte sud-africain de Triple A Aviation. *Source(s) : accord de répartition des bénéfices de Triple A Aviation & MT et correspondance.*

Logo Logistics Limited – Fait partie des 15 entreprises ou entités impliquées dans le coup d'État, selon la liste établie par la Guinée-Équatoriale. Entreprise gérée par Mann et dont les opérations étaient réalisées (en partie) depuis les îles Vierges britanniques. Le compte bancaire de l'entreprise représente une importante plateforme financière lors de la préparation du coup d'État. *Source(s) : presse ; liste officielle de Guinée-Équatoriale des personnes impliquées ; reçus bancaires vol. 1 et 2 ; accord entre Logo Logistics et Asian Trading Inv. ; Accord avec Triple Option Trading 610cc pour le financement de différents projets ; accord de sous-traitance avec Logo Logistics et Military Technical Solutions.*

Military Technical Services Inc. – Entreprise détenue et gérée par Du Toit. Son siège social se trouve en Afrique du Sud, mais ses opérations sont réalisées depuis Tortola, dans les îles Vierges britanniques. Elle a signé un accord de sous-traitance avec Logo Logistics, selon lequel elle devait fournir des services de recrutement pour Logo Logistics. En échange de ces services, Logo Logistics paierait les salaires de recrutement du personnel. *Source(s) : notes de M. White sur le témoignage de Mann ; bon/ feuille de commande du 10/02/04 ; accord de sous-traitance avec Logo Logistics et Military Technical Solutions.*

Royal Bank of Scotland International – Les entreprises de Mann se servaient de la filiale, située sur l'île de Guernesey, pour préparer le coup d'État. *Source(s) : Cabinet d'avocats MWE à Washington DC ; relevés de banque à RBS Int.-Guernesey.*

Sandline International – Entreprise britannique militaire privée, en lien avec Tim Spicer. Son implication dans le coup d'État a été remise en question mais Spicer a nié les accusations. Elle était suspecte parce que Mann en est le cofondateur. *Source(s) : presse.*

Sherbourne Foundation – Entreprise coopérant avec Greg Wales, elle fait partie des 15 entreprises ou entités impliquées dans le coup d'État, selon la liste établie par la Guinée-Équatoriale. *Source(s) : liste officielle de Guinée-Équatoriale des personnes impliquées.*

Systems Design Ltd. – Fait partie des 15 entreprises ou entités impliquées dans le coup d'État, selon la liste établie par la Guinée-Équatoriale. Elle est gérée depuis les Bahamas. Il s'agit d'une des entreprises de Mann qui a servi d'importante plate-forme financière pendant les préparatifs du coup d'État. *Source(s) : liste officielle de Guinée-Équatoriale des personnes impliquées ; reçus bancaires, Vol. 1 et 2.*

Triple Option Trading 610 CC – Fait partie des 15 entreprises ou entités impliquées dans le coup d'État, selon la liste établie par la Guinée-Equatoriale. Elle a été créée en tant que co-entreprise, avec 50 % des actions appartenant à la Guinée-Équatoriale (à Armengol, au ministre Antonio Javier Nguema Nchama et à Augustín Masoko). Les 50 % restants appartiennent à Triple Option. Du Toit est le directeur de cette société. La ligne d'activité enregistrée de l'entreprise est la pêche, le transport aérien, l'agriculture et toute autre activité que l'entreprise souhaiterait entreprendre. Agustín Massoko Abegue est associé et directeur. L'entreprise a acheté un bateau de pêche (Rosalyn Joy) et un avion américain (Antonov 12). *Source(s) : déclaration sous serment de Du Toit ; liste officielle de Guinée-Équatoriale des personnes impliquées ; Déclaration sous serment de Du Toit du 03/10/04 ; verdict de l'appel en matière criminelle en Guinée-Équatoriale (HOL Ap. 2 au point 413); accord pour le financement de projets.*

Triple A Aviation Limited / Air Ambulance Aviation Ltd. – Fait partie des 15 entreprises ou entités impliquées dans le coup d'État, selon la liste établie par la Guinée-Équatoriale. Par l'intermédiaire de son directeur, Crause Steyl, Triple A a signé un accord de répartition des bénéfices avec Mark Thatcher. *Source(s) : liste officielle de Guinée-Équatoriale des personnes impliquées ; accord de répartition des bénéfices et correspondance.*

Zimbabwe Defense Industry – C'est grâce à cette organisation que Du Toit et Mann ont pu obtenir des armes pendant les préparatifs du coup d'État. De fait, les employés de l'entreprise posaient très peu de questions et Paul Heynes avait déjà travaillé avec cette organisation auparavant (sans fournir de papiers). Ils reçurent donc des commandes d'armes et de munitions : (1) pour la Guinée-Équatoriale (comme Mann l'avait planifié) ; et (2) pour un soulèvement au Congo. *Source(s) : déclaration sous serment de Mann du 05/03/04.*

ANNEXE IV   LES CONTRATS ET D'AUTRES ELEMENTS

Annexe IV-1 Déclaration sous serment à Harare

HARARE CENTRAL
CR 1005/03/2004
« DÉCLARATION »

DÉCLARATION SOUS SERMENT :

Moi, Simon Francis Mann, passeport britannique n° 500249905, et passeport sud-africain n° 436417852, déclare sous serment que :

1. J'habite au 16 Medoon Lane, Hout Bay 7806, Afrique du Sud. Je suis le gérant commercial de la société LOGO Logistics Limited, siège social situé à PO BOX 54039, 3720, Liyasol Cyprus, numéro de téléphone : +35725368823 et numéro de fax : +35725375173.
2. J'ai effectué un voyage d'affaires d'Afrique du Sud au Gabon avec Greg Wales et Gary Hersham. C'était en janvier 2003. L'objectif était d'avoir une réunion avec le président Bongo pour lui proposer un plan afin de l'aider à mieux contrôler son industrie pétrolière. Le président Bongo a refusé notre visite.
3. La semaine suivante, Gary Hersham me demanda si je pouvais rencontrer Ely Calil à Londres, pour discuter de la proposition du Gabon. Nous nous sommes donc réunis et nous avons parlé du Gabon, du Soudan et d'autres sujets divers.
4. Ely Calil avait bien fait ses devoirs... Quand nous avons présenté le gouvernement d'Angola et par la suite le président de la Sierra Leone, le colonel Strasser, il était au courant que j'avais rencontré Tony Buckingham, de Heritage Oil and Gas, Branch Energy, Branch Minerals, et que j'avais présenté le gouvernement d'Angola aux personnes qui informaient Executive Outcomes : Ebak Barlon, Larres Lurtingh et Larney Keller.

5. La réunion se termina sans que l'on parle de la Guinée-Équatoriale. Ely Calil me demanda mon avis sur la situation à Khartoum. Puis, nous nous sommes revus environ deux semaines plus tard. Là, il mentionna Ely Calil et me demanda ce que je pensais de lui. Je ne savais rien, et c'est ce que je lui dis. Il me demanda de vérifier quelque chose et de nous réunir encore une fois.
6. Deux semaines plus tard, une autre réunion fut organisée. Maintenant, je sais parfaitement que la situation en Guinée-Équatoriale est très précaire. Ely Calil me demanda si je souhaitais rencontrer Severo Moto. De son côté, il soutenait le parti politique de Guinée-Équatoriale de Severo Moto, exilé en Espagne, ainsi que les contacts secrets de ce dernier, en Guinée-Équatoriale. Je consentis donc à le voir.
7. Je fis connaissance avec Severo Moto à Madrid. C'est un homme sympathique et honnête. Il avait été au séminaire pour être prêtre, mais il avait abandonné, afin de mieux servir son peuple, à travers la politique. Lorsqu'il gagne les élections à Malabo, le président Obiang l'envoie en exil.
8. J'ai été très surpris par la méchanceté d'Obiang. Il paraît qu'Obiang et son frère ont tué leur oncle pour obtenir le pouvoir. Ils règnent sur un état policier, dans lequel, dit-on, le cannibalisme est permis pour des raisons médicales (Obiang serait en train de mourir d'un cancer), tout comme les assassinats et les viols.
9. Severo Moto me présenta le général Sargosa, qui avait été le chef de la Sécurité d'Obiang. Sargosa quitta la Guinée-Équatoriale et il rejoignit Severo Moto à Madrid après le viol de sa femme par Obiang en sa présence.
10. C'est à ce moment qu'ils me demandèrent si je pouvais escorter Severo Moto jusqu'à sa maison, tandis qu'un soulèvement de militaires et de civils serait organisé pour renverser Obiang.
11. Étant donné ce qui s'était passé, il me sembla nécessaire de le faire, et c'est comme cela que j'ai accepté de m'impliquer pour soutenir la cause. De toute évidence, en raison de mon passé, mon rôle consistait à m'occuper principalement des aspects militaires et de la sécurité.
12. Le projet en entier, pour ce qui concerne ma partie, a échoué à cause du manque de fonds. Je suis entré en contact avec

Nick du Toit, une connaissance et ami de longue date d'un de mes amis (Paul Heynes, décédé). Nous avons discuté du projet et il a estimé que c'était une bonne idée.

13. Nous nous sommes donc mis d'accord pour organiser une tentative et monter une affaire légale en Guinée-Équatoriale. Cela aurait pu être utile si le projet avait été mené à bien jusqu'au bout. Et sinon, peut-être qu'il y aurait de l'argent à gagner. Ces premières réunions entre Du Toit et moi eurent lieu en mai et en juin 2003. Entretemps, j'ai rencontré plusieurs fois Ely Calil à Londres et Severo Moto et Ely Calil à Madrid.

14. Nick du Toit commença à former un groupe de 75 hommes. Les hommes de cette équipe devaient respecter leurs postes de travail, mais ils devaient également être disponibles à tout moment. Nick du Toit et moi pensions que 75 hommes, c'était la quantité minimum pour escorter en toute sécurité Severo Moto lors de son retour, au cas où les choses ne se dérouleraient pas comme prévu et que l'émeute ou le soulèvement n'ait pas lieu.

15. À Noël 2003, nous avions des fonds disponibles pour pouvoir avancer. Pour ma partie, je disposais de 400 000 dollars. Malheureusement, Ely Calil avait fixé comme date limite le 16 février 2004. Comme nous ne pouvions pas revoir le plan avant le 6 janvier, nous n'avions que très peu de temps. Nous avons donc fait appel aux fournisseurs d'armes avec qui nous avions été en contact avant.

16. Il s'agissait d'un contact indirect, par le biais de Hendry Van der Westhuizen. À ce moment-là, ce contact nous fit défaut. Nick du Toit et moi étions alors dans une situation très difficile. Les autres options possibles étaient : un soutien militaire venant de Zambie, un autre du Kenya, de Bunjumbura ou les Industries de Défense du Zimbabwe (ZDl).

17. Plusieurs sources m'avaient déjà parlé du colonel Dube. Nick du Toit affirma que l'on pouvait faire confiance aux Industries de Défense du Zimbabwe (ZDl) et surtout il ajouta le plus important : a) ils poseraient peu ou pas de questions et b) lui et Paul Heynes avaient déjà réalisé plusieurs opérations, auparavant, avec eux. La plupart de ces

opérations, sinon toutes, avaient été faites sans fournir de papiers.
18. J'étais assez naïf pour croire que faire des transactions avec les Industries de Défense du Zimbabwe signifiait négocier au plus haut niveau et que nous serions donc totalement couverts pour ce que nous avions à faire.
19. Nick du Toit et moi sommes arrivés les premiers à Harare il y a 5 semaines. Il faudra que je regarde sur mon passeport parce que je ne suis pas sûr des dates. Nous avons rencontré Emmanuel Gwafa (qui ne savait rien de ce projet, sauf que nous avions conclu un accord avec les Industries de Défense du Zimbabwe).
20. C'est alors que nous avons eu un entretien avec Martin Bird à l'hôtel Cresta. Il était arrivé par avion, dans un King Dir 200 loué. Nick du Toit avait confié le projet relatif à la Guinée-Équatoriale à Martin Bird. Ce dernier nous assura qu'il avait une seconde commande, ne comportant que des munitions. Martin Bird affirma qu'il n'y avait pas non plus de problèmes pour ce projet.
21. Lorsque Martin Bird fut parti, je demandai à Nick du Toit quelle était cette seconde commande. D'après lui, elle serait favorable à la commande de la Guinée-Équatoriale, mais j'étais soucieux pour deux raisons : (1) la commande pour la Guinée-Équatoriale était un tout petit marché pour les Industries de Défense du Zimbabwe ; (2) la deuxième commande était pour les rebelles de la RDC. Nick du Toit était persuadé que pour les Industries de Défense du Zimbabwe, il serait très intéressant d'établir des contacts amicaux avec les rebelles de la RDC.
22. Je lui demandai pourquoi, d'après lui, le Zimbabwe s'intéressait autant à la RDC, il répondit que c'était pour diverses raisons et à cause de quelques mines, mais il ne précisa rien de plus.
23. Je me contentai de cette réponse, simplement parce que je voulais que ma commande soit honorée. Je savais que mon projet devrait financer les deux et mon budget était serré. Nous nous rendîmes ensuite dans les bureaux des Industries de Défense du Zimbabwe. La femme de Martin Bird, Pam, était présente à tous nos rendez-vous, ce qui m'a paru très désagréable.

24. Nous nous sommes réunis dans le bureau du colonel Dube, qui semblait avoir une attitude assez négative. Lorsque j'essayai de lui expliquer la raison pour laquelle nous souhaitions acheter des armes (nous ne pensions pas pouvoir dire la vérité), il ne se montra pas intéressé. Je tentai de lui montrer sur la carte où se trouvait la mine, mais il ne regarda même pas.
25. Il nous demanda de revenir plus tard dans l'après-midi, pour assister à une réunion. Lors de cette réunion, le colonel Dube prévint le capitaine Hope qu'il devrait conclure l'accord avec nous, et que cette après-midi même, il devait nous fournir un budget et un contrat.
26. Nick du Toit retourna dans le bureau du colonel Dube pour discuter du projet de la RDC et pour la commande du RDS. Quand nous sommes partis, Nick du Toit était tout à fait rassuré et convaincu que tout irait comme sur des roulettes. Lorsque je lui ai demandé pourquoi, il m'a répondu que, comme je l'avais suggéré, le colonel Dube était très heureux que les Industries de Défense du Zimbabwe et les services de renseignements du Zimbabwe aient pu établir un lien direct et positif avec Katanga, le nouveau groupe rebelle de la RDC.
27. À ce moment-là, j'étais impressionné parce que : (a) nous étions sur le point de conclure un contrat avec la plus haute autorité possible du Zimbabwe et (b) nous allions obtenir de bons produits et un bon service.
28. Un peu plus tard, le groupe du capitaine Hope arriva à l'hôtel avec deux contrats. Le premier, pour le projet de Guinée-Équatoriale, signé par le capitaine Hope, par Nick du Toit et par moi. Le second, pour Katanga, signé par le capitaine Hope et par Nick du Toit.
29. Le lendemain matin, Nick du Toit et moi nous sommes rendus à Ndola, en Zambie, pour rencontrer Abu, qui était vraisemblablement le chef du soulèvement imminent de Katanga. Ils lui avaient dit qu'il devait assurer la zone aérienne de Kolwezi pendant 24 heures, de manière à pouvoir recevoir son matériel.
30. Selon notre plan, un AN12 devait récupérer les deux contrats à Harare et les remettre dans la ville de Kolwezi. J'ai moi aussi eu l'impression que, puisque la moitié du matériel

allait être livrée volontairement, à un endroit que les Industries de Défense du Zimbabwe connaissaient, tout se passerait très bien à Harare.

31. Après Ndola, Nick du Toit et moi nous prîmes un avion pour retourner à Johannesburg. Mon deuxième voyage à Harare eut lieu une semaine plus tard. L'avion AN12 se dirigeait vers Harare et la livraison allait être effectuée. À Danala, une roue avant de l'avion se cassa et il fut victime d'une volée d'oiseaux à Brazzaville. Puis, il arriva à Lumbumbashi.
32. Entretemps, les rebelles n'avaient pas assuré la zone aérienne de Kolwezi et toute l'opération fut annulée. Nous étions en route de l'Afrique du Sud vers Harare et nous fîmes escale à Ndola pour y laisser un de nos hommes. Son rôle était de rester à Ndola, que la ville soit assurée ou non.
33. Après Harare, sur la route du retour vers l'Afrique du Sud, nous nous arrêtâmes de nouveau à Ndola pour payer ce malheureux avion AN12 et je continuai vers l'Afrique du Sud.
34. Deux semaines plus tard, Nick du Toit et moi revînmes à Harare, avec South African Airways. Une réunion fut organisée au News Café, avec Martin Bird et Joseph, des Industries de Défense du Zimbabwe. Nous nous sommes mis d'accord pour payer un supplément pour la lettre de transport aérien (10 000 US$) afin de compenser les Industries de Défense du Zimbabwe des dommages que nous lui avions causés en ne récupérant pas le matériel la première fois. Lors de cette rencontre, Nick du Toit demanda à Martin Bird et à Joseph d'ajouter deux missiles SD7 à notre commande, ce qui me dérangeât.
35. Selon moi, ce n'était pas nécessaire et surtout, c'était dangereux. Nous n'avions pas besoin de demander des éléments si délicats qui pouvaient déclencher l'alarme et compromettre tout le projet.
36. Le capitaine Hope vint nous rendre visite au Cresta Lodge. Il avait l'air heureux de la tournure des évènements et je lui promis que nous allions payer les 10 000 dollars.
37. Pour mon quatrième voyage à Harare, je pris l'avion avec Harry Carlse et Lourens, en passant par Pilanesburg et Kinshasa. À Kinshasa, je rencontrai Tim Roman, pour voir s'il pouvait me fournir un avion de tourisme, afin de

remplacer le B727 que nous avions acheté et qui se dirigeait vers les États-Unis.
38. Tim Roman connaissait les Industries de Défense du Zimbabwe et le colonel Dube. Il affirma avoir déjà volé auparavant, dans son avion de tourisme, pour des missions similaires. Mais il fallait qu'il en discute avec son partenaire, le président Kabila, avant de conclure un accord définitif. Mais il pensait pouvoir le faire. Nous sommes revenus à Harare. Cette nuit-là, Tim appela pour dire que son partenaire refusait ce travail. Cependant, ils pourraient le faire à l'avenir et ils étaient prêts à fournir du matériel et d'autres armes.
39. En arrivant à Harare, je trouvai Joseph, des Industries de Défense du Zimbabwe et Emmanuel Gwafa, qui étaient venus nous chercher en voiture. Le lendemain matin (le 7 mars 2004), j'eus une réunion avec Martin Bird au Cresta Lodge. Puis, j'allai voir le capitaine Hope. Tous les deux m'assurèrent que tout était sous contrôle et qu'il n'y aurait aucun problème.
40. Le premier ministre espagnol avait rencontré trois fois Severo Moto. Ils me rapportèrent qu'il avait assuré à Severo Moto que, dès qu'il serait installé en Guinée-Équatoriale, l'Espagne lui enverrait 3 000 gardes civils. Ils me dirent très sérieusement que le gouvernement espagnol soutiendrait le retour de Severo Moto immédiatement et de manière indiscutable.
41. Cependant, ils soutiennent ne pas avoir été au courant de toute opération de ce type. L'Afrique du Sud a contacté récemment (la semaine dernière) Severo Moto pour l'assurer de son soutien et l'inviter à rencontrer le président de l'Afrique du Sud.
42. Je déclare ici catégoriquement que je n'ai aucune relation avec les services secrets d'Afrique du Sud, des États-Unis ou du Zimbabwe. Je le dis parce qu'on me l'a demandé.

Signature : Simon Francis Mann

ANNEXE IV-2 Accords 1 et 2

Accord 1
le 22 juillet 2003

Cet accord est conclu entre, d'une part, M. Severo Moto et le gouvernement provisoire de Guinée-Équatoriale (GE); et d'autre part le capitaine F et son équipe :

1. Dans un délai qui ne dépassera pas 60 jours après leur arrivée en GE, le capitaine F ainsi que d'autres personnes nommées par lui (4 maximum en plus du capitaine F) seront rémunérés chacun à hauteur de 1 million de dollars américains.
2. Dans un délai qui ne dépassera pas 60 jours après notre arrivée en GE, les autres personnes nommées par le capitaine F (6 maximum) seront rémunérées chacune à hauteur de 50 000 dollars américains.
3. Dans un délai qui ne dépassera pas 60 jours après notre arrivée en GE, les autres personnes nommées par le capitaine F (75 maximum) seront rémunérées chacune à hauteur de 20 000 dollars américains.
4. Dans un délai qui ne dépassera pas 60 jours après notre arrivée en GE, les autres personnes nommées par le capitaine F (75 maximum) seront rémunérées chacune à hauteur de 5000 dollars américains.
5. Toutes les personnes présentes pour le capitaine F et nommées par lui recevront la citoyenneté intégrale de la GE et dans un délai de 60 jours, obtiendront un passeport de GE à cet effet. Si, pour quelque raison que ce soit, cela était impossible, tous les participants recevront des visas à multiples entrées et des permis de travail, ainsi que la citoyenneté et les passeports le plus rapidement possible.
6. Tous les membres venant de la part du Capitaine F recevront des documents (une lettre et une carte d'identité - Annexe A et B) prouvant qu'ils sont membres des Forces Armées de Guinée-Équatoriale. Ces documents devront être dûment remis avant que l'opération ne commence. La lettre offre au porteur l'immunité du nouveau gouvernement de GE, dans le cas de poursuite judiciaire, pour toute action entreprise au

cours de l'opération, dont le but est de porter au pouvoir le nouveau président. Ces documents seront dûment autorisés et signés par Severo Moto.
7. La lettre (ANNEXE A) garantit également l'immunité à son porteur, dans le cas d'une procédure d'extradition, si elle a lieu au sein des frontières de la GE, indépendamment des accords ou lois internationales.
8. Le capitaine F continuera à donner des ordres écrits (ANNEXE C) aux Forces Armées et au capitaine F. Ces ordres seront signés personnellement par le nouveau président, Severo Moto. Il sera déclaré dans ces ordres que le capitaine F et son équipe ont été engagés pour agir en tant que protection personnelle du nouveau président, pour l'escorter jusque chez lui et le porter au pouvoir, conformément à son mandat des élections de 1995.
9. Tout membre des Forces Armées susmentionnées, nommé précédemment par le capitane F, qui accepte la citoyenneté, pourra choisir entre un poste dans les Forces Armées ou dans les Forces de sécurité de la GE ou bien il pourra travailler dans le secteur de la sécurité en GE.
10. La propriété effective finale de tout matériel (avions, bateaux, armes, etc.) utilisé dans cette opération sera transférée par écrit (ANNEXE D) à la GE. Cette propriété/titularisation sera précisée par écrit et sera sous la protection personnelle et la responsabilité du nouveau président, Severo Moto. Elle sera effective avant que l'opération n'ait eu lieu.
11. Toute modification ou ajout écrit à la main sur cet accord aura un caractère obligatoire et contraignant, comme toute autre partie de cet accord.

Accord 2
le 22 juillet 2003

Cet accord est conclu entre, d'une part, M. Severo Moto et le gouvernement provisoire de Guinée-Équatoriale (GE); et d'autre part le capitaine F et son équipe :

1. Cet Accord 2, confidentiel et exclusif, est conclu entre le capitaine F et le nouveau gouvernement de GE et/ou le gouvernement provisoire de GE.
2. Dans un délai qui ne dépassera pas 60 jours après notre arrivée en GE, le capitaine F recevra une rémunération de 15 millions de dollars américains (l'équivalent de 10 millions de livres anglaises le jour du virement).
3. Dans un délai qui ne dépassera pas 60 jours après notre arrivée en GE, le capitaine F sera remboursé de toute somme d'argent qu'il ait payée lui-même et de tout risque pris pendant l'opération ou de tout revenu de celle-ci, EN PLUS de cette même somme.
4. Dans un délai qui ne dépassera pas 60 jours après notre arrivée en GE, le gouvernement de GE ou le gouvernement provisoire achètera aux Forces Armées tout matériel fourni à son propre compte afin de mener à bien l'opération. Le prix indiqué dans ces inventaires sera égal à celui payé par eux le jour de l'achat ou au prix dicté par le marché libre, quelle que soit la meilleure quantité des deux. Cette clause est liée à la clause 10 de l'Accord 1, même si elle concerne plutôt les fonds investis que la propriété légale.
5. Toutes les sommes mentionnées précédemment ainsi que dans l'Accord 2 et l'Accord 1 seront soumises à un intérêt en cas de retard de paiement. L'intérêt sera cumulé chaque mois et calculé selon le LIBOR + 2 %.
6. Dans un délai de 60 jours après l'arrivée, ou lorsque cela sera possible, le capitaine F recevra un passeport diplomatique pour la GE. Ce passeport diplomatique accréditera le capitaine F convenablement, selon ce que lui-même demandera. Ce passeport sera en vigueur et portera l'accréditation adaptée pendant le temps estimé nécessaire par le capitaine F.

7. Le capitaine F sera récompensé par le Rang d'Honneur, comme il convient conformément à l'accréditation de son passeport diplomatique.
8. L'ANNEXE E décrit un programme coordonné d'acquisition militaire et de regroupement, qui sera mené à bien par la GE immédiatement après la prise de mandat du nouveau gouvernement. Ce programme sera géré à tout point de vue par l'équipe du capitaine F. Il est nécessaire de préciser que certains de ces points auront déjà été mis en place avant l'opération. Il faudra appliquer ce programme d'attaque le plus rapidement et le plus efficacement possible. Ce sujet est traité dans une partie spécifique de cet accord et il ne nécessite pas de demande ou de point particuliers pour être approuvé par la suite.
9. Des documents appropriés seront indispensables pour prouver les achats mentionnés (certificats d'utilisateur final, etc.) ainsi que le capital.
10. Après l'arrivée en GE, une nouvelle entreprise sera fondée, NEWCO, et son propriétaire reste encore à déterminer. La propriété de cette entreprise sera établie de manière à ce que le capitaine F puisse exercer un contrôle réel sur NEWCO. Le capitaine F sera le directeur général de NEWCO et il ne détiendra pas moins de 33 % de son équité (valeur nette).
11. L'entreprise NEWCO sera employée, rémunérée et assurée par la GE et ce contrat sera octroyé comme une concession (et un contrat) de cinq ans renouvelable par le Conseil des ministres du gouvernement provisoire, qui est le seul et unique fournisseur des biens et services suivants.
11.1. Les recherches et le recouvrement immédiat de tout le capital national qui aurait « échappé » à la propriété nationale, à cause des activités illégales du régime actuel. Au début, ces actions seront menées à bien en respectant le concept : "satisfait ou remboursé". En échange, la GE versera les coûts, ainsi qu'une prime de 30 % de ces coûts. Après une période initiale, qui ne devra pas être inférieure à 60 jours et lorsque tous les aspects financiers mentionnés dans ces deux accords auront été réglés, alors cette clause pourra être revue et adaptée.

11.2. Le contrôle, le conseil en gestion, l'acquisition, la sous-traitante et l'embauche, en termes britanniques, des fonctions de Garde du chef de l'état, JIC, SIS, MI5, SB, des Forces Armées, de la police, des services de douane, des revenus du continent et des Agences de protection et de contrôle de l'environnement (y compris Wild Life et la gestion des parcs, ainsi que leur délimitation, leur surveillance et leur défense).

11.3. La Garde du chef de l'état sera mise en place et entrera en vigueur par un contrat, établi tout de suite après notre arrivée en GE. Dans l'immédiat, cette Garde sera constituée de 100 hommes. Leur salaire sera calculé à partir d'une rémunération de 6 000 dollars par personne et par mois, plus les primes de déplacement et de repas, ainsi que le matériel et les services nécessaires. Les paiements des salaires de la Garde seront toujours effectués avec trois mois d'avance. Par conséquent, le premier paiement, de 1,8 million de dollars, sera réalisé immédiatement après notre arrivée ou le plus rapidement possible après notre arrivée.

11.4. La prestation de ces services, la livraison de ces biens et l'accomplissement d'une partie des tâches mentionnées, comme il se doit. Tout cela s'inscrira dans la tendance actuelle de « l'embauche ». La logistique de la défense, la défense des communications du gouvernement, ainsi que d'autres services, sont compris dans ce programme.

11.5. Toute modification ou ajout écrit à la main sur cet accord aura un caractère obligatoire et contraignant, comme toute autre partie de cet accord.

ANNEXE IV-3 *Noms de codes*

TX   RX

Nom réel	Remplacé par	Nom réel	Remplacé par
BAMAKO	AMMAN	ABADAN	PONTE NOIRE
BANGUI	TEL AVIV	ABU DHABI	NAIROBI
BATA	JERUSALEM	ADDIS	ISIRO
BRAZZAVILLE	TOBRUK	ADEN	LUMBUMBASHI
BUJUMBURA	ALEXANDRIA	AL AIN	WONDERBOOM
BULAWAYO	CAIRO	ALEXANDRIA	BUJUMBURA
CANARY ISLES	SUEZ	AMMAN	BAMAKO
DOUALA	ASWAN	ASMERA	KINSHASA
ENTEBBE	WADI HALFA	ASWAN	DOUALA
HARARE	KHARTOUM	CAIRO	BULAWAYO
ISIRO	ADDIS	DAMMAN	MASERU
KINSHASA	ASMERA	DJIBOUTI	LANSERIA
LANSERIA	DJIBOUTI	DOHA	SAO TOME
LIBREVILLE	MUQDISHU	DUBAI	NDOLA
LONDON	SANA	ESFAHAN	PRINCIPE
LUBUMBASHI	ADEN	JERUSALEM	BATA
LUSAKA	MAKKAH	JIDDAH	MADRID
MADRID	JIDDAH	KHARTOUM	HARARE
MAFEKING	MADINAH	KUWAIT	MBABANE
MALABO	RIYAD	MADINAH	MAFEKING
MASERU	DAMMAN	MAKKAH	LUSAKA
MBABANE	KUWAIT	MUQDISHU	LIBREVILLE
NAIROIBI	ABU DHABI	MUSCAT	ONDANGWA
NDOLA	DUBAI	RIYAD	MALABO
ONDANGWA	MUSCAT	SALALAH	PIETERSBERG
PIETERSBERG	SALALAH	SANA	LONDON
PILANESBURG	SHIRAZ	SHARJAH	WINDHOEK
PONTE NOIRE	ABADAN	SHIRAZ	PILANESBURG
PRINCIPE	ESFAHAN	SUEZ	CANARY ISLES
SAO TOME	DOHA	TEL AVIV	BANGUI
WINDHOEK	SHARJAH	TOBRUK	BRAZZAVILLE
WONDERBOOM	AL AIN	WADI HALFA	ENTEBBE

ANNEXE IV-4 *Liste des terroristes arrêtés*

1. Neil Joap Steyl, passeport n° 4209154748
2. Johannes Muyongo, passeport n° 414989784
3. Avelino Massunda Dala, passeport n° 412879038
4. Errol Eric Harris, passeport n° 441135824
5. Never Tomas Matias, passeport n° 430109731
6. Raymond Stanley Archer, passeport n° 436453973
7. Maitre Ruakuluka, passeport n° 431062121
8. Simon Mooris Witherspoon, passeport n° : aucun, carte identité n° 6603195050
9. Kenneth Fred Pain, carte d'identité n° 4402075018089, passeport n° 416693821
10. Hamman Hendrick Jacobus, passeport n° 416979149
11. Marcos Antoni DOB 5/2/74, passeport n° 413592299
12. Pius Hausika Kanjowa 15/1/60, passeport n° 414203183
13. Daniel Joseph Kangozil DOB 5/5/77,
14. passeport n° 436112649
15. Kaunitwa Ngombe 1/4/69, passeport n° 439667278
16. Joseph Kassanga DOB 5/2/63, passeport n° 416128833
17. Louis Du Preez, passeport n° 431062121
18. Domingo Vikunge DOB 6/4/73, passeport n° 437949477
19. Akwenye Hafeni DOB 22/5/66, passeport n° 430319631
20. Kondja Daniel DOB 2/2/65, passeport n° 437499082
21. Isac Eliaser DOB 26/6/60, passeport n° 430575262
22. David Hindimbwa DOB 8/1/45, passeport n° 431140049
23. Mazireuajo Ngombe DOB 24/8/63, passeport n° 4183175356
24. Ripuree Van Der Merwe DOB 7/6/61, passeport n° 442024840
25. Malakia IIPINGE, passeport n° 438356612
26. Abarosius Andreas, passeport n° 405856026
27. Paulus Mapeu Haingura, passeport n° 03015709
28. Hijarena Tjiuharo, passeport n° 423194694
29. Ngave Jarukemo Muhatrukua, passeport n° 442841629
30. Vatanaura Tsiumbua, passeport n° 442431495
31. Lenatu Eselumu, passeport n° 418067253
32. Manuel Sekulo Pio, passeport n° 422510635
33. Mario Alexandro Haimbiu, passeport n° 420556453
34. Vaino Mandahah Emmanuel, passeport n° 412708291

35. Likoro Samanynga, passeport n° 419002099
36. Bonifatius Matheus, passeport n° 403830323
37. Uumbua Mgumbi, passeport n° 433297639
38. Andreas Leopold, passeport n° 431969053
39. Uapurua Kavari, passeport n° 443899209
40. Marques Alfredo, passeport n° 408232852, né le 25/01/65
41. Ziami Rote Hendrick, passeport n° 419167167, né le 13/12/68
42. Karenga Paulus, passeport n° 409395369, né le 12/72/67
43. Baka Manuel, passeport n° 420496199, né le 20/08/60 43
44. Chimupi Jose Manuel, passeport n° 431471299, né le 25/08/70
45. Pintar Alfredo, passeport n° 433435280, né le 10/01/56
46. Baptista Adriano, passeport n° 419933092, né le 15/03/56
47. Antonio Domingos, passeport n° 415998088, né le 18/11/56
48. Francisco Carlos, passeport n° 414119046, né le 20/01/53
49. Kambinda Zeca, passeport n° 425265792, né le 01/01/69
50. Sapi Eduardo Matemba, passeport n° 433651901, né le 01/01/65
51. Augustnho Garcia Domingos, passeport n° 438308020, né le 15/07/53
52. Marungu Sikelete Antonio, passeport n° 418720321, né le 01/01/63
53. Kaunda Samuel Santos, passeport n° 413817961, né le 08/06/69
54. Jeckson Fernando, passeport n° 439631260, né le 30/01/63
55. Ndishishi Bernado, passeport n° 416835311, né le 16/04/54
56. Jose Francisco, passeport n° 432290657, né le 12/08/54
57. Sindano Johnny, passeport n° 01025487, né le 12/06/67
58. Mujanga Goncalves, passeport n° 415946748, né le 20/01/54
59. Ndjamba Alberto Tschintnga, passeport n° 417947084, né le 14/04/63
60. Tchimuishi Eduardo, passeport n° 400676560, né le 15/08/55
61. Dracula Victor, passeport n° 429361566, né le 13/01/58
62. Fernando Augusto, passeport n° 418991217, né le 04/08/59
63. Pergio Augusto Jenie, passeport n° 437203364, né le 05/12/58
64. Candi Caumbo, passeport n° 413358493

65. Kadiato Kadavre, passeport n° 421383922
66. Mazanga Kashama, passeport n° WBK 03253861
67. Malani Moyo, passeport n° 404459774
68. Tjiposa Uatiombeze, né le 13/10/61, passeport n° 420501084
69. Lourens Jacobus Horn, passeport n° 4008426
70. Simon Francis Mann, passeport n° 436417852
71. Carlse Jacob Hermanus, passeport n° JRB 03262462

ANNEXE IV-5 *Liste des articles trouvés dans les sacs bleus du vol 4610*

10/3/04

- 127 Paires de bottes noires magnum
- 75 Paires de sandales
- 73 Sacs de couchage
- 72 Shorts noirs
- 64 Vestes noires
- 199 Pantalons noirs
- 200 Tee-shirts bleus à manches longues
- 10 Haut-parleurs
- 73 Moustiquaires
- 153 Tee-shirts noirs
- 60 Gilets d'assaut
- 6 Maillets
- 2 Tenailles
- 126 Listes de gilets
- 73 Portefeuilles verts
- 68 Petits sacs de ceintures (verts)
- Rouleaux de plastique
- 10 Articles de sauvetage
- 113 Casquettes noires
- 57 Rouleaux de ruban adhésif (vert) et 4 rouleaux noirs
- 44 Sacs bleus
- 5 Paquets de barres de signalisation lumineuse
- 7 Kits de nettoyage pour armes
- 12 Accessoires de traction
- 203 Paires de chaussettes noires
- 20 Grandes lanternes noires
- 6 Boîtes de lubrifiant pour armes
- 35 Petites lanternes
- 2 Rouleaux peau de mouton
- 5 Petites brosses
- 20 Compas boussoles de loisir (Suunto)
- 6 Paquets de 50 courroies
- 1 Boîte de cordes tressées (Hikers Paradise)
- 10 Radios Ikom et 10 piles de rechange
- 34 Boîtes de 12 piles Cartons x 12 piles Energizer
- 120 Petites piles Energizer
- Kits de premiers secours

ANNEXE IV-6 *Déclaration de recommandations et de précautions*

HARARE CENTRAL CR 1104/03/04
PREUVE 11

DÉCLARATION DE RECOMMANDATIONS ET D'AVERTISSEMENTS

Moi, Simon Francis Mann, passeport (Royaume-Uni) n° 50016729, je reconnais avoir été informé par le Détective C/Insp. Ndlovu du Département des enquêtes criminelles (CID) Loi et Ordre de Harare que des enquêtes ont été menées en rapport avec le cas d'infraction, section 13 (1) de l'ordre public et de la Loi sur la sécurité, chapitre 11:17 A.R.W. Section 360(1) de l'Instance judiciaire et de la Loi sur la preuve, chapitre 9:07.
« COMPLOT POUR POSSESSION D'ARMES DANGEREUSES » où il est énoncé qu'entre le 10 février et le 7 mars 2004, j'ai comploté pour et accepté de posséder les armes dangereuses suivantes :

- 10 pistolets Browning
- 500 x munitions de 9 mm pour pistolet
- 61 rifles AK
- 45000 munitions pour AK
- 20 mitrailleuses légères PKM
- 30 000 munitions pour PKM
- 100 lanceurs antichars RPG 7
- 2 x tubes motorisés de 60 mm
- 80 x bombes à moteur de 60 mm
- 150 grenades à main pour l'offensive
- 201 fusées de détresse

Je fais cette déclaration de mon plein gré.

Étant donné que j'ai été informé que je ne suis pas obligé de répondre à ces imputations, sauf si je le souhaite, toute omission de ma part, de tout fait pertinent pour ma défense, pourra entraîner des conclusions contre moi. Tous les éléments qui me desservent seront transcrits et pourront être utilisés lors du jugement comme preuve.

Vous comprenez cet avertissement ?   Oui
Avez-vous quelque chose à dire ?   Oui

Lecture de la réponse de l'accusé

« Je nie les accusations. Je fais référence à ce que j'ai déjà déclaré dans ma déclaration de recommandations et d'avertissements, en réponse aux accusations d'infractions présumées des stipulations de FIREARMS ACT. »

Signature : Simon Francis Mann

J'atteste que la déclaration précédente a été faite librement et volontairement par l'accusé qui est déclaré sain d'esprit et qui a signé en toute connaissance de cause.
Signature : 29690x - D.C.I. Ndlovu
Témoin : 039712p - D.A.I. Shoko

Fait à : la prison de haute sécurité de Chikurubi
Date :   17/03/2004
Heure : 15.15

LECTURES CONSEILLEES

Artucio, A., *The Trial of Macias in Equatorial Guinea: The Story of a Dictatorship*, International Commission of Jurists and International University Exchange Fund, Genève 1980

Avila Laurel, J.T. de, *Guinea Ecuatorial: Visceras*, Institucio Alfons El Magnanim, Valence 2006

Fegley, R., *Equatorial Guinea, an African Tragedy*, Peter Lang, American University Studies, New York 1989

Fegley, R., *World Bibliographical Series, Volume 136*, Guinea Ecuatorial, Clio Press, Oxford 1991

Fernandéz, R., *Guinea, Materia Reservada*, Sedmay, Madrid 1976

Garcia Domínguez, R., *Guinea Macias, la Ley del Silencio*, Plaza y Janes, Barcelone 1977

Ghazvinian, J., *Untapped: The Scramble for Africa's Oil*, A Harvest Book Harcourt, Inc. New York 2007

Groupe Jeune Afrique, *The Ecofinance Guides 2009: Equatorial Guinea, A Market and it's Potential*, Paris 2009

Gutierrez Garitano, M. de, *La Aventura del Muni: Tras las Huellas de Iradier. La Historia Blanca de Guinea Ecuatorial*, S.A. Ikusager Ediciones, Vitoria-Gasteiz 2010

Klinteberg, R., *Equatorial Guinea - Macías Country: the Forgotten Refugees*, International Unversity Exchange Fund, Genève 1978

Klitgaard, R., *Tropical Gangsters: One Man's Experience with Development and Decadence in Deepest Africa*, Basic Books, New York 1991

Kingsley, M., *Travels in West Africa*, BiblioBazaar, 2006

Klotchkoff, J.C., *La Guinée Equatoriale Aujourd'hui*, les éditions du jaguar, Paris 2009

Liniger-Goumaz, M., *Small is not Always Beautiful. The Story of Equatorial Guinea*, C. Hurst & Company, Londres 1986

Liniger-Goumaz, M., *Statistics of Nguemist Equatorial Guinea*, Éditions du Temps, Genève 1986

Liniger-Goumaz, M., *Historical dictionary of Equatorial Guinea*, The Scarecrow Press Inc, Londres 1997

Maass, P., Crude World: *The Violent Twilight of Oil*, Allen Lane, Londres 2009

Menendez Hernandez, J. de, *Leyendas Y Relatos de Guinea Ecuatorial*, SAIL, Madrid 2009

Menendez Hernandez, J. De, *Los Últimos de Guinea, el Fracaso de la Descolonización*, SAIL, Madrid 2008

Ministerio de Justicia, *Legislación Mercantil de Guinea Ecuatorial producida por la ohada*, Madrid 2009

Ndong Econg Eyang, D. De, *El Problema Africano y de Guinea Ecuatorial: La Moralidad Política*, Letra Clara, Madrid 2002

Ndongo-Bidyogo, D., *Historia y Tragedia de Guinea Ecuatorial*, Editorial Cambio 16, Madrid 1977

Nze Nfumu, A., *Macias: Verdugo o Víctima?* Herrero y Asociados, Madrid 2004

Oleynik, Dr. I.S. y Alexander, N. (eds.), *Equatorial Guinea Business and Investment opportunities Yearbook*, International Business Publications USA, Washington DC 2006

Ondo Eya Nchama, E. De, *Los Medios Informativos Nacionales de Guinea Ecuatorial*, Letra Clara, Madrid 2006

Roberts, A., *The Wonga Coup: Simon Mann's Plot to Seize Oil Billions in Africa*, (2 ed.) Profile Books, Londres 2009

Sipimayo, R. de, *Immigración y Génereo: El Caso de Guinea Ecuatorial*, S.A. Tercera Prensa, San Sebastian 2004

Shaxon, N., *Poisoned Wells: The Dirty Politics of African Oil*, Palgrave Macmillan, New York 2008

Sundiata, I.K., *Equatorial Guinea Colonialism, State Terror and the Search for Stability*, Westview Press Inc., Colorado 1990

Remerciement spécial à tous ceux qui nous ont aidé à retrouver les faits et les personnages pour cette reconstruction. Il faut qu'ils sachent que leur contribution a été essentielle.

TABLE

I. Introduction   11-23

Pourquoi écrire un livre sur un coup d'État perpétré en Guinée-Équatoriale en 2004, alors que cet évènement a déjà été largement traité par la presse? Est-il nécessaire de se replonger dans de vieux dossiers pour démontrer que ce coup d'État était bien plus que l'échec d'un rêve d'une poignée de mercenaires ?

II.   LA PIECE (EN SEPT ACTES)   25-114

- **Premier acte :** où les personnages sont présentés et les premiers préparatifs esquissés.

- **Deuxième acte :** où d'autres pays sont au courant de ce qui se trame mais n'interviennent pas.

- **Troisième acte :** où l'Espagne se compromet et d'autres alliés sont impliqués.

- **Quatrième acte :** où les mercenaires tombent dans leur propre piège.

- **Cinquième acte :** où Simon Mann, Nick du Toit et les autres mercenaires sont condamnés.

- **Sixième acte :** où Simon Mann, Nick du Toit et les autres mercenaires sont condamnés.

- **Septième acte :** où les « taupes » entrent en scène.

Chacun de ces actes comprend les faits. Pour comprendre qui a préparé le coup d'État et comment il a été finalement mené à bien, il est nécessaire d'examiner les faits et les évènements dans l'ordre chronologique, grâce à des rapports juridiques, des entretiens, des contrats, des lettres, des rapports de police et d'autres sources d'information.

III. QUELQUES CONCLUSIONS   **115-122**
Quelles conclusions peut-on tirer de ces recherches, quant à la responsabilité, à la portée et à la gestion des conséquences de cette tentative de coup d'État ?

IV. DEMARCHES JURIDIQUES :
JUSQU'OU PEUT-ON ALLER AUJOURD'HUI ?   **123-126**
Est-il encore possible de poursuivre les responsables ?

ANNEXE I   NOTES FINALES   **127-132**

ANNEXE II   PERSONNAGES PRINCIPAUX   **133-142**
Ce coup d'état relate l'histoire de dizaines de personnages, jouant sur une immense scène, qui se transforme en scandale international, puis disparaît ensuite dans le néant. Qui joue qui?

ANNEXE III ENTREPRISES ET ORGANISATIONS
IMPLIQUEES DANS LA TENTATIVE DE COUP
D'ETAT   **143-148**
Tels de véritables stratèges, les acteurs cherchent à financer leur projet, à l'aide de banques et d'entreprises réparties dans le monde entier. Liste des noms des organisations fantômes utilisées comme couvertures.

ANNEXE IV LES CONTRATS ET D'AUTRES ELEMENTS
                                                        149-168
1. Déclaration sous serment à Harare
2. Accords 1 et 2
3. Noms de codes
4. Liste des terroristes arrêtés
5. Liste des articles trouvés dans les sacs bleus du vol 4610
6. Déclaration de recommandations et de précautions

LECTURE CONSEILLEES   **169-171**

AFRIQUE

Dernières parutions

Abolition de la peine de mort et constitutionnalisme en Afrique
Mbata Betukumesu Mangu André
Le procès à l'encontre de la peine de mort est apparu au sein de l'Assemblée nationale de la République Démocratique du Congo, avec l'introduction d'une proposition de loi pour son abolition. Cet ouvrage examine les différents arguments développés en vue de l'abolition ou du maintien de la peine de mort en droit positif congolais. Il se termine par une plaidoirie en faveur de l'abolition de cette peine qui est la plus inhumaine des condamnations, et la plus grave violation du droit à la vie.
(Coll. Etudes africaines, 20.00 euros, 202 p.) ISBN : 978-2-296-55351-4

L'affaire H. Habré et l'affaire du Joola : une justice pénale controversée ?
Bouaré Mady Marie
Cet ouvrage est le résultat d'une analyse de la doctrine et de la jurisprudence sur deux situations juridiques et judiciaires qui impliquaient utilement des convergences relativement aux questions de droit interne mais aussi de droit international. L'étude fait une analyse comparative dynamique des affaires H. Habré et Joola, afin de mieux expliciter la complexité des faits et des questions de droit soulevés.
(12.50 euros, 124 p.) ISBN : 978-2-296-54873-2

L'aménagement du territoire au Sénégal. Principes, pratiques et devoirs pour le XXIe siècle
Diakhaté Mouhamadou Mawloud - Préface du Pr. Jacques Bethemont
La surimpression des politiques successives des présidents Senghor, Diouf et Wade a imprimé au territoire national un profil marqué par de fortes inégalités régionales risquant de saper les équilibres sociétaux sénégalais. Comment procéder à l'évaluation de l'impact des aménagements effectués sous les différents présidents en tenant compte de la philosophie qui les a inspirés et des contraintes endogènes et exogènes qui les ont obérés ?
(24.00 euros, 258 p.) ISBN : 978-2-296-54876-3

L'amour et la prévention du SIDA
Mutaka Philip
Ce livre contient des informations essentielles sur le sida, délivre différents messages adressés à des catégories spécifiques de personnes. Il lance un appel pour proscrire les traditions malsaines contre les femmes et propose une annexe dont les textes encouragent à une vie sexuelle responsable.
(24.00 euros, 244 p.) ISBN : 978-2-296-56150-2

Le Biyaïsme. Le Cameroun au piège de la médiocrité politique, de la libido accumulative et de la (dé)civilisation des mœurs
Amougou Thierry
Comment un régime qui suscita moult espoirs aux Camerounais s'est transformé en une *masturbation politique* au service du plaisir solitaire de garder le pouvoir coûte que coûte, au point de se considérer comme la *fin de l'histoire*? Le pays peut-il en sortir et comment ? Cette analyse sociopolitique propose 30 mesures pour sortir le Cameroun tant de la crise sociale que de la crise civique.
(Coll. Pensée Africaine, 34.50 euros, 394 p.) ISBN : 978-2-296-56199-1

Cameroun L'authenticité est possible. Le rêve de ma nation
Tsala Jacques Désiré
Cinquante ans après son indépendance, le Cameroun baigne dans une mal-gouvernance généralisée qui s'accompagne de l'aliénation de son authenticité. En dénonçant ce malaise, ce livre propose une alternative pour la réalisation d'un Etat fort. L'auteur relève l'urgence d'une action pour un changement positif, dans le but de donner à la société une image plus conforme à la réalité de ses potentialités.
(Coll. Points de vue, 16.00 euros, 172 p.) ISBN : 978-2-296-56526-5

Cameroun Le changement, c'est maintenant !
Djamen Célestin - Préface à la 2è partie de Lionel Jospin
L'élection présidentielle devrait avoir lieu en octobre 2011 au Cameroun. Cet ouvrage présente le programme de Célestin Djamen et montre, aux yeux des Camerounais et du monde, la vision d'un candidat passionné et rigoureux. La question de l'éducation occupe une place de choix mais il aborde aussi d'autres thématiques : santé publique, indépendance de la justice, chômage, industrialisation, infrastructures, environnement, économie...
(Coll. Points de vue concrets, 19.00 euros, 204 p.) ISBN : 978-2-296-56524-1

⇒ retrouvez toutes nos parutions sur
http://www.editions-harmattan.fr

L'HARMATTAN, ITALIA
Via Degli Artisti 15; 10124 Torino

L'HARMATTAN HONGRIE
Könyvesbolt ; Kossuth L. u. 14-16
1053 Budapest

L'HARMATTAN BURKINA FASO
Avenue Mohamar Kadhafi (Ouaga 2000) – à 200 m du pont échangeur
12 BP 226 OUAGADOUGOU
(00226) 50 37 54 36
harmattanburkina@yahoo.fr

ESPACE L'HARMATTAN KINSHASA
Faculté des Sciences sociales,
politiques et administratives
BP243, KIN XI
Université de Kinshasa

L'HARMATTAN CONGO
67, av. E. P. Lumumba
Bât. – Congo Pharmacie (Bib. Nat.)
BP2874 Brazzaville
harmattan.congo@yahoo.fr

L'HARMATTAN GUINÉE
Almamya Rue KA 028, en face du restaurant Le Cèdre
OKB agency BP 3470 Conakry
(00224) 60 20 85 08
harmattanguinee@yahoo.fr

L'HARMATTAN CÔTE D'IVOIRE
M. Etien N'dah Ahmon
Résidence Karl / cité des arts
Abidjan-Cocody 03 BP 1588 Abidjan 03
(00225) 05 77 87 31

L'HARMATTAN MAURITANIE
Espace El Kettab du livre francophone
N° 472 avenue du Palais des Congrès
BP 316 Nouakchott
(00222) 63 25 980

L'HARMATTAN CAMEROUN
BP 11486
Face à la SNI, immeuble Don Bosco
Yaoundé
(00237) 99 76 61 66
harmattancam@yahoo.fr

L'HARMATTAN SÉNÉGAL
« Villa Rose », rue de Diourbel X G, Point E
BP 45034 Dakar FANN
(00221) 33 825 98 58 / 77 242 25 08
senharmattan@gmail.com

632382 - Décembre 2015
Achevé d'imprimer par